安徽高校省级自然科学研究重点项目资助(KJ2009A153)

复杂构造煤层采掘突出
敏感指标临界值研究

姚向荣 著

北 京

冶金工业出版社

2012

内 容 提 要

本书系统地论述了试验区煤层瓦斯放散动力学特性研究、煤与瓦斯突出预测敏感指标数学模型的建立、煤层瓦斯突出危险性的跟踪考察、煤层突出危险性预测敏感指标的研究。其中，详细介绍了敏感指标及其临界值的现场测定与考察、掘进工作面突出预测（效果）检验数据的分析、试验目标区 13 − 1 煤层 Δh_2 的测定以及试验区敏感指标临界值的确定方法。

本书可供煤矿企业的工程技术及管理人员、相关科研单位的科研人员及院校师生阅读和参考。

图书在版编目(CIP)数据

复杂构造煤层采掘突出敏感指标临界值研究/姚向荣著.
—北京：冶金工业出版社，2012.6
ISBN 978-7-5024-5965-9

Ⅰ.①复… Ⅱ.①姚… Ⅲ.①复杂煤层—煤矿开采—指标—临界值—研究 Ⅳ.①TD823.8

中国版本图书馆 CIP 数据核字（2012）第 122110 号

出 版 人 曹胜利
地　　址 北京北河沿大街嵩祝院北巷 39 号，邮编 100009
电　　话 (010)64027926 电子信箱 yjcbs@cnmip.com.cn
责任编辑 马文欢 美术编辑 彭子赫 版式设计 孙跃红
责任校对 禹 蕊 责任印制 张祺鑫
ISBN 978-7-5024-5965-9
三河市双峰印刷装订有限公司印刷；冶金工业出版社出版发行；各地新华书店经销
2012 年 6 月第 1 版，2012 年 6 月第 1 次印刷
148mm×210mm；5.5 印张；146 千字；163 页；1—1000 册
20.00 元
冶金工业出版社投稿电话：(010)64027932 投稿信箱：tougao@cnmip.com.cn
冶金工业出版社发行部 电话：(010)64044283 传真：(010)64027893
冶金书店 地址：北京东四西大街 46 号(100010) 电话：(010)65289081(兼传真)
（本书如有印装质量问题，本社发行部负责退换）

前　言

　　中国是世界上产煤最多的国家，2010 年原煤产量 32.5 亿吨，其中 95% 来自地下开采。在煤矿地下开采过程中，易于诱发严重的瓦斯灾害事故。国家煤矿安全监察局统计资料表明，近年来预防重大瓦斯事故是煤矿安全生产工作的重中之重。只要全面开展矿井瓦斯灾害的发生机理和控制技术方面的研究与实践，坚持从基础入手，并遵循"先抽后采、监测监控、以风定产"的原则，重特大煤矿瓦斯事故是可以预防的。

　　淮南矿区第四纪冲积层厚，煤层埋藏深，地质构造复杂，开采难度大（平均在 600~800m），可采煤层多（8~15 层），开采煤层总厚度大（22~34m）。在煤层开采过程中地应力显现明显，瓦斯压力高、含量大（平均为 $1.42 \times 10^8 \mathrm{m}^3/\mathrm{km}^2$ 以上，最大可达 $4.05 \times 10^8 \mathrm{m}^3/\mathrm{km}^2$；主要煤层 C13-1、B11b 的吨煤瓦斯含量为 $12~22\mathrm{m}^3/\mathrm{t}$），致使采煤工作面最大瓦斯涌出量超过 $50\mathrm{m}^3/\mathrm{min}$，掘进工作面最大瓦斯涌出量超过 $30\mathrm{m}^3/\mathrm{min}$，矿井相对瓦斯涌出量最大为 $39.67\mathrm{m}^3/\mathrm{t}$，矿井绝对瓦斯涌出量最大为 $150\mathrm{m}^3/\mathrm{min}$。由于煤层透气性差（$1.18\mathrm{nm}^2$，即 0.0012 毫达西）、瓦斯抽采衰减速度快，原始煤层抽出困难；软煤分层厚度大、硬度系数小（$f = 0.2~1$）、煤与瓦斯突出危险性严重。上述客观条件构成了淮南煤田瓦斯赋存的特殊性，加之煤层群联合开采，瓦斯综合治理难度极大。自 20 世纪 80 年代以来，因受高瓦斯影响，难以实现安全、高效集约化生产，矿区主要生产技术指标长期低于全国同行业平均水平。进入 90 年代后，随着开采深度和开采规模的扩大，矿井瓦斯涌出量剧增，从 $270\text{m}^3/\text{min}$ 增加至 $820\text{m}^3/\text{min}$，为国内外罕见。由于没有找到有效的瓦斯治理技术和方法，重特大瓦斯事故频繁发生，特别是 1997 年 11 月，潘三矿、谢二矿在不到两周的时间内相继发生了两起特大瓦斯爆炸事故，损失严重。

随着矿井开采深度加深、生产规模的扩大以及生产集中化、综合机械化程度的提高，采掘工作面的瓦斯涌出量急剧加大，单靠加大通风量来冲淡矿井瓦斯的做法，因受到巷道断面积和风速的限制，已远远不能满足现代化生产的要求。针对瓦斯难题，淮南矿区寻找煤层中瓦斯局部富集部位和可能的瓦斯突出区块，把矿山顶板岩层移动规律、卸压瓦斯流动规律与瓦斯预测方法相结合，先后攻克不具备开采卸压层瓦斯抽取技术、掘进工作面边抽边掘抽采技术、高突掘进面深孔松动预裂爆破抽采技术等，在此基础上初步建立起煤与瓦斯共采新型瓦斯抽取工程体系，从根本上解决了淮南矿区松软、低透气性、瓦斯突出煤层群安全开采的问题。

通过一系列的理论探索和工程实践，淮南矿区取得了较好的效果，矿井瓦斯突出发生频率由 1998 年前的 3.69 次/年降低到 2011 年的 0.75 次/年，原煤产量由 1998 年的 1102 万吨，快速提升到 2011 年的 8000 万吨。采掘工作面数减少了 60%，工作面单产提高了 3~5 倍，出现了两个千万吨级的矿井，经济效益与社会效益显著。

作者通过现场采集目标煤层煤样，测试了顾（南区）等矿 13-1、11-2 煤层钻屑瓦斯解吸指标 K_1、瓦斯放散初速度指标 Δp 以及煤的坚固性系数 f 等基础参数。根据实验室测定的值进行理论分析，建立了钻屑瓦斯解吸指标 K_1 值与煤层瓦斯压力 p、瓦斯放散初速度指标 Δp 和煤的坚固性系数 f 的关系的数学模型。

　　结合钻孔瓦斯涌出初速度指标 q 和钻屑量 S，作者考察了目标煤层的突出预测敏感指标及其临界值。进一步研究完善了钻孔预测指标（包括钻屑量 S、钻屑瓦斯解吸指标 K_1 等）的预测孔深度与测定工艺、指标敏感性条件及其影响因素、适用条件。

　　采用灰色关联分析法、模糊聚类分析法、"三率"分析法，通过煤层掘进巷道的现场预测结果进行分析，比较各指标对突出危险性预测的敏感性，从而确定了敏感指标。

　　采用"三率"分析法和实验室测试法，确定了煤层瓦斯突出预测指标的临界值并进行了分析，从而确定了敏感指标的临界值。

　　用钻屑瓦斯解吸指标 Δh_2 的实际预测结果，对实验室确定的临界值指标进行验证和修改，结合钻孔瓦斯涌出初速度 q 和钻屑量 S 的实际测定分析及验证结果，最终确定了目标煤层的突出预测敏感指标及临界值。

　　本书就是在上述研究的基础上编写而成的。全书首先对试验区煤层瓦斯放散动力学特性研究进行了描述，阐述了煤与瓦斯突出预测敏感指标数学模型，介绍了对煤层瓦斯突出危险性的跟踪考察，确定了煤层突出危险性预测敏感指标及其临界值。书中阐述了试验目标区 13 - 1 煤层 Δh_2 的测定以及试验区敏感指标临界值的确定方法。

　　本书在撰写过程中得到了中国工程院院士袁亮的鼓励和关心，以及国家深部开采工程中心实验室主任、淮南矿业集团副总经理、淮南职业技术学院院长程功林教授的大力支持和鼓励，同时也得到了煤矿瓦斯治理国家工程研究中心、淮南矿业（集团）安全开采管理研究总院及安全监察局的领导及科研单位的研究人员的支持和帮助，在实验分析、理论计算等方面得到了安徽理工大学的华新祝教授、石必明教授、戴广龙教授以及相关试验人员的大力帮助。书中引用了许多专家、学者的相关文献，在此一并表示衷心感谢!

　　这些成果的获得,还与兄弟单位的通力合作是分不开的,特别是淮南顾桥矿、潘一矿在井下取煤样、提供试验区地质资料和相关实测数据以及帮助现场试验分析等方面给予了大力支持,在此表示衷心感谢!

　　鉴于目前还没有一个预测突出危险性的最完美指标,对日常预测中得到的某种指标值应充分考虑突出危险性与地质、开采条件及仪器精度等关联因素,许多指标参数还有待今后进一步探索和论证,加之作者水平所限,书中难免存在不足之处,恳请读者提出宝贵意见。

作　者

2012 年 4 月

目　录

绪　　论

0.1　概　述

我国的能源结构目前还是以煤炭为主，今后 20～30 年煤炭在我国一次能源中的比重仍将为 65%～70%。国家对不可再生资源的可持续开采呼声越来越高，为保证国民经济正常发展，仍需有计划大规模地开采煤炭资源。而煤矿瓦斯（以 CH_4 为主）是同煤共生并存储在煤与围岩中的气藏资源，在煤炭生产过程中，它以涌出、喷出和突出等形式释放出来，瓦斯突出、爆炸严重威胁着煤矿职工安全，制约着煤炭工业的发展和效益的提高。

我国目前已探明煤炭地质储量 10000 多亿吨，由于我国煤矿地质构造及煤层赋存条件比较复杂，在目前开采的矿井，30% 以上是高瓦斯或煤与瓦斯突出矿井，全国大中型煤矿开采平均深度在 400m 以上，地处华东地区的淮南矿业（集团）有限公司平均开采深度已达750m，作为国家深部实验矿井的望峰岗煤矿井深已接近千米水平，随之产生的不利因素是矿井巷道软岩、冲击地压和地热灾害不断增加，钻孔施工质量降低。如何安全高效地开采煤炭以满足社会发展需求，很值得我们探索。

据测算，仅陆地上烟煤和无烟煤田中埋深不足 2000m 的煤层中，蕴藏着（30～35）万亿立方米的瓦斯，我国煤层瓦斯资源为美国的 3倍，但瓦斯抽采量与美国相差较大，这主要是我国煤层瓦斯储存特征所决定的，其特点是"两低一高"，即煤层瓦斯压力低、煤层透气性低、煤层瓦斯吸附能力高。这一特点给煤层开采和瓦斯抽采带来了较大困难。我国煤矿瓦斯抽采生产实践经验表明，除瓦斯和煤岩有"共生"、"共储"的特点外，瓦斯只是在煤体直接被开采和围岩体在采动影响下变形、破断后才会有大量的运移，包括瓦斯的渗流、涌出、突出等，基于煤层本身赋存条件和经济技术因素，有效地进行瓦斯突出预测是非常有必要的。

众所周知，煤矿中所发生的煤与瓦斯突出是矿井重大自然灾害之一。煤与瓦斯突出是发生在煤矿井下的一种极其复杂的瓦斯动力现象，危害性极大，发生突出后，导致煤岩掩埋人员和设备，摧毁井下设施，破坏通风系统，使人员窒息伤亡，同时突出的大量瓦斯甚至可能引起瓦斯爆炸，造成重大伤亡事故，它不仅威胁煤矿安全生产，同时还制约了矿井生产能力的拓展，目前因突出发生机理还不清楚，给防治带来难题。

煤矿瓦斯在国内外都是制约煤矿安全生产的重要影响因素，综合分析我国近年来的煤矿事故就可清楚地看到，瓦斯事故造成的伤害最为重大，40%以上为瓦斯爆炸事故，一次死亡3人以上事故中瓦斯事故比例高达80%，一次死亡10人以上特大事故中，瓦斯爆炸事故占90%以上。因此，如何有效地消除煤矿瓦斯事故，已成为煤矿科技工作者的攻关重点方向。

随着煤矿生产规模的扩大、矿井开采深度的不断增加，仅依靠加大矿井通风量等手段是不能从根本上解决问题的。而开采解放层的做法，虽然对防止瓦斯突出具有较明显的作用，但它不仅受一定的采矿地质条件限制，而且煤炭生产成本增加很多。因此，瓦斯突出预测成为现阶段高瓦斯矿井消除瓦斯灾害的重要方法与手段。

实践表明，煤与瓦斯突出是煤的力学性质、地应力、瓦斯含量三者共同作用的结果，是一种含气多孔物质的力学破坏过程，在发生突出时应具备充足的突出物质：其一，煤岩中含有具备一定厚度且力学性质脆弱的软分层，根据已经发生突出的地点的资料表明，突地点均有较厚的软分层出现，其可作为肉眼预测煤层突出危险倾向性的指标之一；其二，必须具备能破坏突出物质的地应力，包括采掘附加应力；其三，还应具备足够的气源，以便破坏与搬运煤体。地应力与瓦斯二者在发生突出时，具体哪一种起主导作用，还应根据煤层赋存与采掘条件而定，二者都可能成为发生突出时的主要动力来源，只是造成的动力效应激烈程度不同而已。因此，在预测突出时，其随机性很强，常造成预测准确性不高，使防突工作经常处于被动局面。

另外，上述三种因素的形成，都受地质构造的制约，煤层突出危险倾向性预测不可忽视断层褶曲等地质构造对煤层突出危险性的影响。结合生产中的实践有理由认为，工作面预测突出最敏感的指标是地应力和瓦斯，但在现场直接测量这两项指标是困难的，一般都采用相对指标来间接判断煤层的突出危险倾向性。

随着淮南矿区矿井开采深度不断加大，大部分矿井开采深度为 −800m 左右，未来可达到 −1000 ~ −1200m 的深度，如国家级深部开采实验矿井望峰岗煤矿，一水平达 −820m，二水平达到 −960m，加上井口标高 +30m，井深可达 1018m。由于采用综采、综掘高强度开采，工作面在高地应力、高温、高强度扰动下，易发生煤与瓦斯动力现象，给矿井安全高效生产带来了严重威胁。

由于突出机理的复杂性，到目前为止，对各种地质、开采条件下突出发生的规律还没有完全掌握，可以说突出的准确性预测还是一项世界性难题，当前一些西方发达国家只能采取逐步关闭突出矿井的做法来减少突出事故的发生。

我国经过长期的研究与实践，初步形成了以合理采掘部署与开采工艺为基础，采取"四位一体"的综合防突技术体系，在一定程度上有效地遏制了突出事故的发生和控制了突出的危害。由于突出的严重性和复杂性，在防突技术上，还存在不少薄弱环节和技术难题，如低指标突出、打钻时突出、延期突出、误穿突出煤层、集约化开采矿井的防突等，以及防突钻孔施工困难、突出危险性预测预报及预警、防突措施合理的选择问题等等。突出的防治应是一项复杂而艰巨的系统工程，要求突出矿井必须建立"系统配套，技术集成，综合治理"防突体系，其中，采掘工作面（包括石门揭煤）突出预测预报敏感指标体系是矿井综合防突体系中至关重要的环节。

国内外突出机理及预测方法的研究与应用实践表明，治理瓦斯突出问题，除了根据煤与瓦斯突出预兆、煤层结构稳定性经验类比法外，对采掘工作面突出预测，还可采用钻孔指标非连续静态法和非接触系统连续监测动态预测法。分析现有的工作面钻孔预测指标，如钻屑量 S、钻屑瓦斯解吸指标（K_1 或 Δh_2）、钻孔瓦斯涌出初速度 q 等指标。理论与实践表明，这些指标能够预测突出危险，方法简便易行，直观可靠，已得到较广泛应用。

如：对不同粒度煤样瓦斯解吸衰减系数以及解吸强度进行实验室考察；探讨粒度对解吸强度的影响；通过对试验区碎屑状煤芯瓦斯解吸规律的非线性拟合，对各解吸模式的损失量与用计算方法所求得的损失量进行比较；最后，对各解吸模式测得的瓦斯含量与间接法所测瓦斯含量进行误差比较，提出适合试验区碎屑状煤芯的瓦斯解吸模式。

但指标本身具有敏感性条件，即不同的矿区、煤层甚至煤层的不同区域指标的敏感性及其临界值都不同，而且还受工作面客观地质工程技术条件、测试工艺以及人为因素等因素影响。其归属静态预测方法，即预测指标在时间域、空间域不能连续反映影响突出的地应力、瓦斯应力场的变化。

因此，钻孔预测方法的推广应用，必须针对不同矿井、水平煤层、煤层的不同瓦斯地质单元研究工作面预测指标的敏感性；同时，根据突出能量假说，工作面预测敏感指标临界值还受开采工艺、工程地质条件等外界诱导因素影响。

煤炭科学研究总院抚顺分院在国家"九五"、"十五"及煤炭行业的科技攻关中，取得的重要科研成果有如下几个方面：

（1）煤与瓦斯突出危险性工作面预测技术研究。由抚顺分院完成的国家"八五"科技攻关项目"综合防突措施研究"在我国首次提出了在全国普遍适用的工作面突出危险性预测方法,提出了包括利用钻屑量、钻屑瓦斯解吸指标、钻孔瓦斯涌出量等新时期单项指标和综合指标进行工作面预测的较为详尽的实施方案。该预测方法在《煤矿安全规程》中被确定为工作面突出预测的标准方法之一,在全国得到推广应用。该成果荣获煤炭部科技进步三等奖。该项技术的推广应用,提高了我国煤矿防治煤与瓦斯突出的能力,使我国的年突出次数大为降低。

自颁发《防治煤与瓦斯突出细则》以后,"四位一体"的综合防突措施在全国大部分突出矿井得到了较广泛的应用。在执行综合防突措施中,工作面突出危险性预测成为防治突出首要的一环。突出预测的正确与否既关系着突出危险煤层开采的作业安全,也涉及防突措施的实施范围,与煤矿的生产效率和经济效益密切相关。国家"八五"攻关中,抚顺分院为全国的突出矿井提供了一套广为适用的预测方法和配套的参数测试仪表。但要求各矿井根据自己的使用情况,采用适合于本矿区的敏感指标和临界值。为此,抚顺分院在国家"九五"科技攻关项目"工作面突出敏感指标及临界值的确定研究"中,在我国首次提出了煤与瓦斯突出敏感指标及临界值的确定方法。提出了利用聚类分析技术、模糊数学处理方法,确定突出敏感指标及临界值,使预测不突出准确率达到100%,预测突出的准确率达到60%~70%。该成果在焦作、抚顺、淮南、淮北、皖北一些矿井中得到了应用。

(2) 煤与瓦斯突出动态预测技术研究。传统的接触式突出预测技术一般需要施工钻孔,占用大量的作业时间,增加了防突费用和吨煤成本,而且是间断性的点预测方式,经常在非预测时段发生突出,往往会导致人员伤亡事故,所以煤与瓦斯突出连续预测成为近年来的主要研究方向。抚顺分院在国家"八五"、"九五"科技攻关中提出了"利用综合参数连续预测突出方法及装备"、"声发射实时跟踪连续预测突出危险性技术研究" 两项科研课题。利用 AE（Acoustic Emssion）声发射技术和瓦斯动态涌出特征对煤与瓦斯突出危险性进行连续预测取得了较好的效果。研制了能够与环境监测系统联网的声发射突出危险监测系统。提出了声发射突出危险预测指示及瓦斯动态涌出指标和临界值，为煤矿的生产应用提供了一套完整的技术方法。该成果达到国际先进水平。

（3）煤与瓦斯突出强度预测技术研究。国家"十五"科技攻关中，抚顺分院完成了"煤与瓦斯突出强度预测技术的研究"，在全国首次提出了突出危险强度预测理论和方法，提出了利用相似的理论，在实验室对煤与瓦斯突出进行三维模拟实验，通过改变纵向应力、横向应力、瓦斯压力、煤体强度等参数，建立了突出强度数学模型，做出了突出强度预测从定性预测到定量预测的一个尝试，取得了较大的科研价值。该项成果达到了国际领先水平。

（4）煤与瓦斯突出预测预报专家系统的研究。该项课题对我国的主要突出矿井的预测参数值大小、指标、临界值和瓦斯突出方面的基础数据进行整理、归类、组成突出预测专家系统的数据库，利用计算机辅助决策技术对突出进行预测，形成煤与瓦斯突出预测预报专家系统。该项课题填补了我国在这一领域的空白，使我国的突出预测技术从人工化走向智能化。

重庆分院在淮南等矿井的突出预测试验研究实践也表明，采掘工作面突出预测敏感指标的临界值差异很大；而某些突出矿井采掘工作面预测敏感指标的临界值也可能较一致，因此，必须根据综合因素试验研究确定敏感指标临界值。

从国内采矿趋势看，开采深度在不断增加，煤层瓦斯压力、瓦斯含量、地应力加大，原来的低瓦斯、高瓦斯矿井部分变为了突出矿井，而原来的突出矿井的突出危险性越来越严重，突出频度（次数）增加，突出强度增大，大型、特大型突出所占比例越来越大，突出造成的人员伤亡事故明显增加，特别是发生了多起死亡人数达 10 人以上的恶性事故。

山西、鸡西、淮南等矿区还发生了在实施防突技术措施钻孔时，突出造成人员伤亡的事故，防突形势非常严峻。一些相对瓦斯涌出量大于 $10m^3/t$ 的高瓦斯矿井，随着开采深度的增加和范围的延伸，其新水平、地质构造复杂区域就存在突出的可能性，就可能转化为突出矿井，突出灾害将有继续增加的趋势。

另外，在一些深部矿井，尽管煤层瓦斯含量不大，但煤岩体在高地应力、高瓦斯压力、高温等环境下，其力学特征有别于浅部煤岩体的力学特征，如围岩应力场的复杂性、围岩的大变形和强流变性特性、深部煤岩体的脆性—延性转化、动力响应的突变性，采用集约化高强度开采技术，推进快、割煤深，外界诱导能量显著增加，也在一定程度上增加了突出的危险性。

对于高强度综掘工作面煤与瓦斯动力灾害，由于作业人员近距离操作，突出危害更大，要求工作面突出危险预测、防突技术措施及措施效果检验的结果可靠性更高，技术难度更大；而目前国内外在该领域的研究较少，可借鉴的研究成果更少，因此，深部矿井综掘工作面煤与瓦斯动力现象的预测是矿井安全生产的重大难题之一。

理论分析认为，当煤层的力学性质一定时，钻孔四周的变形量大小与煤层的受力情况在一定范围内存在着正变关系，且煤质越软，其钻孔的变形量越大，钻屑量的变化幅度也越明显。因此，在测定过程中，保持钻孔在同一软分层中钻进，对预测的准确性是至关重要的。

突出时钻屑量的临界指标值，通常为正常钻孔排屑量的 $2\sim3$ 倍，国内外学者已作了详尽的研究。我国几年来的生产实践表明，当 f 值为 0.2 左右时，采用 3 倍是安全的。

淮南矿区技改矿井开采深度较大，许多矿井的瓦斯动力现象是在高地应力、高温、高强度扰动下发生的，动力现象发生的机理、预测指标可能有别于浅部煤层开采。因此，采掘工作面突出预测应在研究在高地应力、高温、高强度扰动条件下的突出机理基础上，系统总结分析矿井煤层的突出特点与规律，研究煤层结构稳定性标志指标与突出的关系，完善现有钻孔（深、浅孔）预测方法，结合深部开采新近出现的瓦斯地质、开采工程技术条件，系统研究完善钻孔预测指标体系，并研究试验工作面瓦斯涌出动态变异系数等连续监测预测突出指标，采用综合指标方法提高煤与瓦斯突出预测的准确性和可靠性。

0.2　潘谢矿区瓦斯分布规律

淮南煤田由于地表冲积层厚，煤层埋藏深，地质构造复杂，开采深度大，地应力显现明显，煤层瓦斯压力高，瓦斯含量大，煤层透气性差，瓦斯抽放衰减速度快，原始煤层瓦斯抽出困难，软煤分层厚度大，硬度系数小，煤与瓦斯突出危险性严重等客观条件，构成了淮南煤田瓦斯赋存的特殊性，加之煤层群联合开采，瓦斯综合治理难度极大，国内有关专家称之为"复杂、特困、松软、低透条件下煤层群联合开采"。复杂系指地质构造复杂、通风系统复杂；特困针对矿井"五大灾害"俱全、瓦斯难以治理而言；松软乃是软煤分层厚度大、硬度系数低、易发生煤与瓦斯突出；低透是煤层透气性系数极低，原始煤体很难抽出瓦斯。

近年来，煤矿瓦斯抽放、敏感指标预测等的理论与实践发展很快，到 20 世纪 80 年代末～90 年代中期，在有关煤矿瓦斯抽放、敏感指标等理论与实践方面取得了不少重大进展。然而，由于淮南煤矿地质开采条件特别复杂，不少矿井的开采深度已超过 600m。随着矿井向深部延伸，矿山压力、瓦斯压力、瓦斯含量显著增加，煤与瓦斯突出的危险性也越来越大，瓦斯综合治理难度日益加大。这就要求瓦斯理论与实践取得进一步的突破性发展，以满足日益增长的生产实际的需要。更加迫切需要具有突破性的瓦斯敏感预测理论，来从根本上解决甚至消除瓦斯灾害对矿井生产造成的影响，否则矿井的正常生产就将难以维继。

淮南煤田主要包括淮南矿区、潘谢矿区两大主要矿区。潘谢矿区已投产 9 对矿井，在生产和建设过程中已发生多次煤与瓦斯突出，矿井实际瓦斯涌出量分别高出设计量的 2.34 ~ 2.84 倍。由于矿井瓦斯升级，矿井设计供风量只能满足年产量 2/3 的需要，给矿井生产建设和安全带来严重影响，使矿井无法按期达产。

煤田属滨海平原含煤建造，成煤条件比较好。其中，二叠系煤层含煤 32 ~ 40 层，含煤总厚达 42.78m，含煤系数平均为 6.35%，最高达 14%。该系可采煤层 15 层，总厚度 32.0m，占所有煤层总厚度的 74%，加之煤层分布为近距离煤层群，层间距较小，厚度稳定。综合上述因素分析，瓦斯来源是丰富的。

煤田从气煤到天然焦均有分布，浅部以气煤、肥气煤为主，深部以肥焦煤、主焦煤为主，局部为天然焦。根据镜煤反射率测定，反射率在 0.8% ~ 1.48% 之间，从镜煤反射率分析，有机质的成熟度是较优的，处于生气的最佳范围。该区地质构造有以下特点：

（1）该煤田为一复向斜构造，属于秦岭东西向构造带，受南北向的压力控制，因而在煤田两翼形成了以走向逆掩推覆断层为主体的断裂系统，弧形构造比较突出。如潘集—陈桥"S"形破裂背斜构造。背斜轴部煤系地层遭风化剥蚀，背斜两侧的煤系露头被新生界松散层所覆盖，为瓦斯扩散提供了条件。

（2）背斜轴南北两侧为一系列低角度的逆 – 逆掩断层，形成了叠瓦式构造。断层下盘保存了煤系地层，使煤田内瓦斯不易向背斜南北两边（背斜轴部）扩散，如舜耕山断层下盘到谢桥古沟向斜轴之间的广大区域。

（3）煤系断裂之后，煤层内瓦斯扩散条件发生了变化，它既可形成煤层与地表联系通道，有利于煤层瓦斯扩散，也可以割断煤层与地表联系，成为瓦斯向地表运移的屏障。例如：谢家集区的谢二矿斜交断层发育，断层交面线与煤层走向交角较小，常组合成"人"字形，地堑、地垒式断块，对瓦斯的运移起阻挡作用，往往形成局部封闭地带，造成局部瓦斯富集。

（4）顾桥、张集井田位于潘集—陈桥背斜转折端应力集中区，煤层瓦斯含量较高。

（5）潘一、潘三、谢桥井田位于潘集—陈桥背斜的南翼，呈单斜构造。背斜轴部煤系地层遭风化剥蚀，造成部分瓦斯沿煤层露头扩散。由于井田内 NE 向 NW 向断裂较少，三个井田瓦斯含量比也较高。

（6）丁集井田位于"S"形扭曲部位，为一构造应力释放带，并伴有一系列 NW 向开放性正断层，为瓦斯扩散提供了通道，因而瓦斯含量较低。

潘谢矿区煤系地层上覆新生界松散层的厚度，从东南的潘二矿，向西北（刘庄）逐渐增厚。这说明煤系地层上升剥蚀程度，从东南向西北存在的差异。在未接受新生界沉积之前，古地形从东向西北逐渐低凹。13 – 1 每层上覆基岩层厚度，从东南向西北逐渐变薄。从该区各井田，13 – 1 煤层 –500 ~ –600m 最大瓦斯含量与上覆新生界松散层厚度相关图来看：上覆松散层厚度越厚，瓦斯含量越低；反之，瓦斯含量就越高，如图 0 – 1 所示。

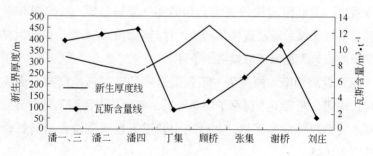

图 0 – 1　13 – 1 煤层 –500 ~ –600m 最大瓦斯含量与
新生界松散层厚度相互关系

据潘谢矿区 13 – 1 煤层 117 个瓦斯含量实测资料，取其最大值列入表 0 – 1 中，并据表 0 – 1 作曲线图 0 – 2，由图 0 – 2 可见：潘谢矿区东起潘二，西到刘庄两个低瓦斯区；同时也有潘一、潘二、潘三和顾桥、张集、谢桥两个高瓦斯区。总之，瓦斯含量沿煤层走向变化（差异）较大、形如波浪。

表 0 – 1　13 – 1 煤层最大瓦斯含量

开采水平/m	潘二矿	潘集背斜南翼		丁集矿	顾桥矿	张集矿	谢桥矿
		潘一矿	潘三矿				
	样品数						
	11	19	15	11	24	16	14
	瓦斯含量/m^3·t^{-1}						
< −300			0.22[①]				
−300 ～ −400	3.58	2.75	2.43				
−400 ～ −500	5.07	11.59			0.06[①]	5.43	0.28[①]
−500 ～ −600	12.78	14.85	11.17	3.58	5.41	6.99	10.65
−600 ～ −700	13.98	14.75	13.46	5.34	13.22	12.76	11.1
−700 ～ −800			5.81		9.68		
−800 ～ −900				4.12	6.8		7.90[①]
> −900					6.76[①]		

注：表中数据是 117 个瓦斯含量实测资料中的最大值。

① 只有一个样品。

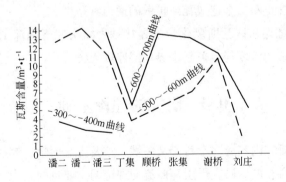

图 0 – 2　潘谢矿区 13 – 1 煤层最大瓦斯含量曲线

结论：

(1) 从含煤性、煤系岩性、沉积环境、煤层的通气性、区域地质构造发展史、地质构造和上覆层的性质等因素来看，淮南煤田不但具有良好的瓦斯生成的物质基础和生气条件，而且具有良好的瓦斯保存条件。在上述多种因素的控制与综合影响下，淮南煤田形成了在低变质的情况下瓦斯含量和涌出量却较高的特征。

（2）在煤变质过程中产生的瓦斯，在煤层中能保存的数量取决于向地表运移条件，主要取决于煤层周围介质的透气性（煤层围岩岩性及其组合所形成的封闭类型）、上覆层的性质和地质构造特征。而保存数量又随时间而变化，随煤层的空间位置而异。

（3）潘谢矿区内展布一些大中型断层，由断裂构造切割形成的各块段，其构造特性和应力状态各有差异，因而使瓦斯含量沿煤层走向具有明显分带性和不平衡性，如潘一矿的 F4 断层两侧瓦斯含量相差 2/3，同一块段在瓦斯带的范围内，瓦斯含量随着深度增加而增加，即按一元一次线性函数变化。其表达式为：$Q = aH + b$。

（4）煤层中瓦斯扩散的主要途径是沿煤层向露头运移或向上覆岩层扩散。

（5）潘谢矿区在背斜的转折端应力集中区及逆掩断层部位的下盘，是瓦斯富集的主要部位。而"S"型扭曲部位、构造应力释放带以及开放性正断层是造成瓦斯扩散的通道和条件。

（6）潘谢矿区瓦斯风化带下界从基岩露头往下垂深 150m 左右，瓦斯风化带的深度与上覆新生界地层厚度无关。

0.3　研究的理论基础

本书研究内容属多学科交叉领域，涉及渗流力学、煤层瓦斯流动理论等学科领域。研究煤层瓦斯流动理论的主要目的是为了阐明煤层中瓦斯流动的机理，解释煤层中瓦斯涌出的现象和本质。探究煤层中瓦斯突出的过程，是为了更好地预测未来的瓦斯涌出量和瓦斯等级，并采取必要的和适合的防范措施。由于矿井瓦斯的涌出对生产和安全有极大的影响，这些工作的基础都要涉及瓦斯在煤层中的流动理论。

瓦斯流动理论由固体力学、采矿科学以及煤地质学等学科互相渗透、交叉而发展形成一门新兴学科。瓦斯流动理论把煤与岩石看做是一类典型的多孔介质，专门研究煤层内瓦斯压力分布及瓦斯流动变化规律，但至今尚未形成一门独立而完善的学科体系，仍处于发展和完善的过程当中。国内外学者对煤层瓦斯流动理论的研究主要集中在线性瓦斯流动理论、非线性瓦斯流动理论、地物场效应的瓦斯流动理论和多煤层系统瓦斯越流理论四个方面。

煤层内瓦斯运动基本符合线性渗透定律——达西定律（Darcy's law），这是线性瓦斯渗流理论的杰出成果。渗流力学最先在地下水资源开发等部门应用；大约从 20 世纪初起，渗流力学为石油和天然气开发工业奠定了理论基础，促进了石油和天然气工业的发展；随后，苏联学者为了控制瓦斯事故，创造性地应用达西定律——线性渗透定律来描述煤层内瓦斯的运动，开创性地研究了考虑瓦斯吸附性质的瓦斯渗流问题，为瓦斯流动力学的研究和发展奠定了基础。

我国学者在煤层瓦斯流动理论的研究方面做出了许多开创性的工作，基本形成了煤层瓦斯流动的理论体系，从本质上阐明了煤矿瓦斯来源及赋存条件，并将瓦斯流动理论推进到了固、气耦合的新阶段。

20 世纪 80 年代，我国瓦斯流动理论的研究主要是集中在修正和完善瓦斯流动的数学模型，在对瓦斯流动方程的修正方面进行了大量的研究工作，并取得了卓有成效的研究成果。80 年代中期，有关学者就一维情况，结合相似理论，研究了瓦斯流动方程的完全解，就瓦斯含量与孔隙压力之间抛物线关系式的近似性进行了研究：采用朗格缪尔方程来描述瓦斯的等温吸附量，提出了修正的瓦斯流动方程式。1986 年，又针对瓦斯的气体状态方程，认为应用瓦斯真实气体状态方程更符合实际，便提出了修正的矿井煤层真实瓦斯渗流方程。在总结前人研究成果的基础上，进一步修正和完善了均质煤层的瓦斯流动数学模型，同时发展了非均质煤层的瓦斯流动数学模型，在此基础上，应用计算机进行了数值模拟的对比分析，取得了很好的实践效果。经多方研究后认为，煤层中参与渗流的瓦斯量只是可解吸的部分量，在煤体瓦斯吸附与解吸过程完全可逆的条件下，建立起了瓦斯渗流的控制方程。

随着计算机应用的普及和计算技术的日益发展，应用计算机研究瓦斯流场内压力分布及其流动变化规律已成为可能，这也是瓦斯渗流力学的研究手段不断实现现代化的主流方面。应用计算机结合煤矿实际问题，用有限差分法（DEM），首次对瓦斯流场中压力分布及其流量变化实现了数值模拟，较成功地预测了瓦斯流场内的瓦斯压力变化规律。

为了探索煤与瓦斯突出的机理，国内一些学者和过去苏联一些学者从力学角度出发，应用达西渗流运动方程来描述突出过程中的瓦斯流动，指出煤的破碎与瓦斯渗流的耦合是煤与瓦斯突出的内在因素，也有人提出了"煤—瓦斯介质力学"的观点，对煤—瓦斯介质的变形、强度、破碎、渗透性等力学特性进行了系统研究，并应用达西渗流定律，讨论了突出发生后所形成的瓦斯粉煤两相流动过程，为阐明煤与瓦斯突出机理做出了有益的贡献。

线性瓦斯扩散理论认为，煤屑内瓦斯运动基本符合线性扩散定律——菲克定律（Fick's law）。对煤屑中瓦斯扩散理论的研究在欧美国家进行较多，而在我国进行得较少。通过研究发现：各种采掘工艺条件下采落煤的瓦斯涌出、突出发展过程中已破碎煤的瓦斯涌出、在预测瓦斯含量和突出危险性时所用煤钻屑的瓦斯涌出等问题，皆可归结为煤屑中瓦斯的扩散问题。众所周知，扩散是体系流体分子由高浓度区向低浓度区运移的平衡过程。菲克定律就是把扩散流体的速度与这种流体的浓度梯度线性地联系起来。然而，煤屑中瓦斯涌出过程是一个很复杂的过程。从分子运动观点来看，气体分子在煤层孔隙壁上的吸附和解吸是瞬间完成的；但实际上瓦斯通过煤屑的流动需要一定的时间，这是因为瓦斯通过煤屑各种不同大小的孔隙和裂隙涌出时要克服阻力。因此，他们认为：这种涌出规律符合菲克线性扩散定律。并以此对煤屑中瓦斯扩散规律进行了深入的理论探讨和实测对比分析研究。

随着瓦斯运移规律深入的研究，煤层内瓦斯运动流线层包含了稳定渗透和扩散的混合流动过程。这一瓦斯渗透与扩散理论逐渐被科学界认可。国内外许多学者都赞同煤层瓦斯渗透－扩散的理论。有关人员对瓦斯在煤层流场的流动规律进行了研究，以瓦斯地质的新观点来认识煤层内瓦斯运移的机理，明确指出：煤层内瓦斯流动实质上是可压缩性流体在各向异性且非均质的孔隙－裂隙双重介质中的渗透－扩散的混合非稳定流动。线性瓦斯流动理论在探求煤层内瓦斯运移机理方面已经先后发展了线性渗流理论及其应用、线性扩散理论、渗透－扩散理论等等，在一定的简化假设下，已形成了较严密的理论体系，但是，由于煤层内瓦斯运移是一个非常复杂的过程，这不仅与煤结构有关，而且受到众多因素的影响，上述线性瓦斯流动理论和方法的适用性和实用性常常受到挑战。这主要体现在下列四个方面：

（1）煤层内瓦斯运移只是近似地用线性规律来描述，至今仍在探索瓦斯运移的基本规律。

（2）煤层属胀缩性变形固体，不能假定为固体刚性骨架。相应地将固体骨架看成可变形的介质更符合实际。

（3）在实际煤层内瓦斯运移过程中，存在着许多尚未深入研究的物理化学效应，例如地应力场和地温场等对瓦斯流场的耦合效应、瓦斯吸附与解吸效应、瓦斯扩散效应、煤体与瓦斯之间的化学反应等，现有理论未能考虑这些问题。

（4）由于缺乏测试各向异性透气系数的有效方法，各向异性煤层内瓦斯运移的深入研究以及数值模拟遇到了极大的困难。

国外许多学者对线性渗透定律——达西定律是否完全适用于均质多孔介质中的气体渗流问题早已作出了大量的考察和研究。经过研究归纳出达西定律偏离的原因为流量过大、分子效应、离子效应、流体本身的非牛顿态势。

著名的流体力学家 E. M 指出，将达西定律用于描述从均匀固体物（煤样）中涌出瓦斯的试验，结果得出了与实际观测不相符合的结论。日本学者指出，从通过变化压差测定煤样瓦斯渗透率看，达西定律不太符合瓦斯流动规律，并在大量试验研究的基础上提出了更能符合瓦斯流动的基本规律——幂定律。

在非线性瓦斯理论研究方面，国内学者做出了较突出的贡献，根据 Power Law 的推广形式，在均质煤层和非均质煤层条件下，首次建立起可压缩性瓦斯在煤层内流动的数学模型——非线性瓦斯流动模型，并在煤矿生产现场对瓦斯流动参数进行了实测，并以此为依据，对均质瓦斯流场的压力分布做出了三类不同模型的数值模拟，经与实测值对比后得到，非线性瓦斯流动模型比线性瓦斯流动模型更符合实际。

1991 年，国内有关学者提出了煤层瓦斯运移物理模型并进行了理论分析，经过实验研究，提出考虑克氏效应的修正形式的达西定律——非线性瓦斯渗流规律，并建立了相应的瓦斯流动数学模型，指出了达西定律的适用范围。非线性瓦斯流动理论的发表，引起了国内外同行的兴趣和关注。

随着对瓦斯流动机理研究的深化，许多学者认识到了地应力场、地温场及地电场等对瓦斯流动场的作用和影响；围绕着煤体孔隙压力与围岩应力对煤岩体渗透系数的影响，以及对渗流定律——达西定律的各种修正，建立和发展了固气耦合作用的瓦斯流动模型及其数值方法，这是近年来国内外许多学者竞相研究的热点。欧美等国的学者在这一领域的研究取得了突破性的进展。

目前，我国学者也对含气煤体的变形规律、煤样透气率与等围压或孔隙压力之间的变化关系，含气煤的力学性质以及含气煤的流变特性等进行了系列研究，为我国深入发展地物场效应的瓦斯流动理论提供了基本依据。

近年来，我国从煤层区域突出危险性预测理论研究现状出发，如在半经验统计理论、煤层突出危险的固—流耦合失稳理论、弹性应变能理论、瓦斯地质理论等方面进行了大量的研究；同时，借鉴了国外煤层区域突出危险性预测技术，如单项指标法、综合指标法等。

本书应用上述理论对受弱结构岩层控制的覆岩裂隙的发展过程、分布规律、煤岩硬度及钻孔瓦斯流场分布等进行了深入的探讨。重点研究了围岩的孔隙性、渗透性、孔隙结构等因素对瓦斯赋存的影响以及其他地质条件对瓦斯突出指标的影响，深入了解了岩浆侵入煤层对瓦斯赋存的影响、煤层埋藏深度与瓦斯赋存关系。

研究了构造应力区的划分，包括地应力测试方法、构造应力场的数值计算、地质动力区划的应用、矿区活动断裂的划分、原岩应力测定、构造应力场的数值计算、构造应力区的划分等。

针对地勘新区煤层突出危险性区域预测技术，研究了突出煤物理结构特征及发生突出的区域条件（包括煤的破坏类型、煤的瓦斯放散初速度 Δp、煤的强度性质）、煤的孔隙结构破坏特征与煤层突出危险性分析、煤层区域瓦斯参数分布规律及突出危险性条件、煤层瓦斯压力分布规律及突出危险性区域条件、地勘过程煤层瓦斯压力的测定、煤层瓦斯含量分布规律及煤层突出危险的区域条件以及地勘过程测定煤层瓦斯含量的方法。

0.4 研 究 内 容

（1）淮南矿区目标煤层瓦斯放散动力学特性研究。现场采集目标煤层煤样，测试顾（南区）等矿 13 - 1、11 - 2 煤层钻屑瓦斯解吸指标 K_1、瓦斯放散初速度指标 Δp 以及煤的坚固性系数 f 等基础参数。根据实验室测定的值进行理论分析，建立钻屑瓦斯解吸指标 K_1 值与煤层瓦斯压力 p、瓦斯放散初速度指标 Δp 和煤的坚固性系数 f 关系的数学模型。

（2）试验矿区目标煤层瓦斯突出危险性跟踪考察。结合钻孔瓦斯涌出初速度指标 q 和钻屑量 S，考察目标煤层的突出预测敏感指标及其临界值。进一步研究完善钻孔预测指标（包括钻屑量 S、钻屑瓦斯解吸指标 K_1 等）的预测孔深度与测定工艺、指标敏感性条件及其影响因素、适用条件。

（3）试验矿井目标煤层瓦斯突出危险性预测敏感指标研究。采用灰色关联分析法、模糊聚类分析法、"三率"分析法，通过煤层掘进巷道的现场预测结果进行分析，比较各指标对突出危险性预测的敏感性，从而确定敏感指标。

（4）试验矿井目标煤层瓦斯突出危险性预测敏感指标临界值的研究。采用"三率"分析法和实验室测试法，来确定煤层瓦斯突出预测指标的临界值并进行分析，从而确定敏感指标的临界值。

（5）突出预测相关指标的工业性试验。用钻屑瓦斯解吸指标 Δh_2 的实际预测结果，对实验室确定的临界值指标进行验证和修改，结合钻孔瓦斯涌出初速度 q 和钻屑量 S 的实际测定分析及验证结果，最终确定目标煤层的突出预测敏感指标及临界值。

0.5　关键技术研究目标与路线

针对试验矿井不同煤层，研究确定出类似试验考察瓦斯地质单元、开采技术条件下的采掘工作面突出预测敏感指标及其临界值，使其满足防突工作的需要；确定试验矿井采掘工作面突出预测指标，提高工作面突出预测准确性与可靠性；试验区预测不突出准确率达到99%以上，预测突出准确率达到65%以上。

在现场调查研究（包括井下有代表性的采掘工作面实地勘察，矿井地质、开采、通风、瓦斯、作业规程、突出、已有突出预测资料）的基础上，采取理论研究与现场有代表性的地点取煤样实验室研究、预测指标现场考察相结合的方法，初步确定敏感指标及其临界值，并经现场一定工程试验验证最终确定出敏感指标临界值。其技术路线如图 0 - 3 所示。

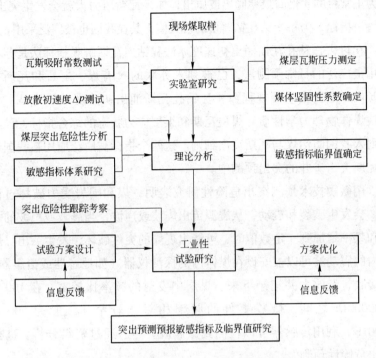

图 0-3 研究技术路线

0.6 采掘突出敏感预测技术综述

淮南矿区当前采用的四位一体的综合防突措施，包括突出危险性、敏感指标的预测，在矿井生产过程中，从时间上和空间上都对突出危险性进行监测和预防，大大提高了突出煤层开采的安全性。其中钻屑量被认为是反映地应力大小的一个有效指标，它是由德国学者 Noack 等提出的并得到了广泛的应用。在我国，煤炭科学研究总院抚顺研究所对北票等局矿及 17 个石门进行了钻屑量测量。初步结果表明，钻屑倍率 n 可作为突出预测指标，当 n 大于 4 时有突出危险。煤炭科学研究总院重庆分院在南桐和梅田对煤巷进行了试验，认为钻粉量为正常量的 3 倍时最易倾出或压出，如果瓦斯压力大就会发生突出。钻屑量指标 S 为每米钻孔钻屑量的最大值，其在我国也被广泛采用。

在过去，钻孔瓦斯涌出初速度 q 法和钻屑瓦斯解吸指标法是苏联运用最广泛的日常预测法，已被列入苏联的《有煤、岩石和瓦斯突出倾向煤层安全采掘规程》中。钻孔瓦斯涌出初速度被认为是一个反映煤体物理力学性质、煤层瓦斯和煤层应力状态的综合指标，已经被列入我国防治煤与瓦斯突出细则。这两个指标被广泛应用在我国煤与瓦斯突出矿井的突出预测中。

用微震技术预测突出危险性研究表明，煤和围岩受力破坏过程中，会发生破裂和震动，从震源传出震波或声波，当震波或声波的强度和频率增加到一定数值时，可能出现煤的突然破坏，发生突出。煤岩内的震动波可以被安设在煤体内的探测仪器（如地音器或拾震器）所接收，经放大并记录下来。煤层中发射的频率比较宽，在 100 ~ 1000000Hz 之间，微震事件的频率相对比较窄，一般为 500 ~ 2000Hz，利用传感器可以检测到微震波。然后通过资料分析，进行突出危险性预测。

自 20 世纪 70 年代初以来，美国矿业局就用标准微震技术研究煤层结构物破坏。同时，采用超声波监测技术来监测岩层响声能量。研究人员利用低频（10 ~ 10kHz）微震技术监测和确定最可能发生突出的地点，利用高频微震技术确定发生突出的时间。

俄罗斯开采煤与瓦斯突出煤层时，通过地震声学预测方法取得了较好的研究成果。其理论依据为：当进行采掘作业时，煤层在变化的应力场、瓦斯场、温度场的作用下，内部发生动力物理过程，动力物理过程可以理解为煤层内部脆性、塑性破坏形式的结构重组过程，并伴随有煤层的声发射。俄罗斯专家在顿巴斯矿区进行了大量的现场观测研究，观测了突出准备、发展的过程和突出危险带的地震声学特征，研究了地震声学脉冲的概率统计规律及其与动力现象的关系，并制定了地震声学预测方法的判断准则，该判断准则在顿巴斯矿区中部迅速得到了推广应用。在监测仪器方面，俄罗斯斯阔琴斯基矿业学院研制出的 3YA 6 型仪器和地震声学压电陶瓷传感器 CAKI 的配套使用，使地震声学预测系统实现了自动化，实现了脉冲信号自动识别、计算预测、资料管理自动化，将突出危险性预测和监测技术提高到新的水平。

当前，国内外对瓦斯突出预测又取得了的新的进展，一些新的预测方法开始应用到瓦斯突出预测的实践当中，并取得了一定的实际效果。这些新的方法有：

（1）利用煤层中涌出的氡体积或氡浓度的变化预测突出。众所周知，地震现象伴随有氡和氦的涌出变化。目前，氡的活动已普遍地作为地震来临的一个预兆。有些科学家还认为，在地震之前不仅有氡的反常涌出现象，而且有氦的反常涌出。波兰近年来利用煤层瓦斯中氡的浓度变化情况进行了预测。该研究表明，在突出前煤层瓦斯中氡的浓度急剧降低，突出后又急剧上升。

（2）根据煤层温度状况预测突出的危险性。过去，苏联 N·A·雷任科等学者在很多煤矿中，对采掘工作面近工作面地段的煤体温度状况进行了考察研究。回采工作面是在深达 6m 的钻孔中测温的，掘进工作面是在 2.2m 深的钻孔中测温的。根据在回采工作面近工作面地段煤体温度梯度变化情况来判断掘进工作面是否有突出的危险。在加里宁等矿的 7 次突出中都用该法及时做出了预报。该预测方法被全苏联防突委员会推荐使用。目前，我国湖南等矿区也进行了这方面的研究。

（3）应用专家系统进行突出预测。专家系统是一个模拟人类专家解决某一问题所用知识和经验的计算机程序。近些年来国内外研制预测突出的专家系统，如英国煤炭公司技术发展部已开发出 UPEL 专家系统，该专家系统用于预报井下开采过程中煤与瓦斯突出危险的程序。中国科学院地质研究所也研制了预测突出的专家系统，该系统被称为 GASBURST，它根据用户提供的矿区地质构造、地下水、瓦斯钻孔粉尘、地应力和已经发生突出的资料，划出煤矿突出危险区、危险带，预测突出危险程度随采深增加的变化趋势，预报突出点的位置；同时，还能在计算机屏幕上显示突出危险区的位置、井下突出点的位置，各突出间的相互联系等。

目前采用的预测方法，特别是工作面突出预测方法，比较简单实用，但仍有一定的工程量（如需打钻等），预测作业时间仍需 4～5h，作业时仍有一定危险性，并对生产有一定影响，因此开展非接触式连续预测方法研究很有必要。其主要途径有：利用声发射（AE）技术连续监测工作面前方煤体破裂声响；利用环境监测系统对工作面的瓦斯涌出动态变化特征的监测来预报突出危险性。此外，还可以利用煤体温度场、电磁场等变化特征进行预测。

区域预测工作应结合地质勘探资料，根据区域指标和构造地质标志编制区域瓦斯地质预测图，并划分突出危险带。加强采掘工作面前方 10～30m 地质破坏预测方法研究及延期性突出的预测方法研究。至今国内外对突出潜在强度的预测仍是一项空白，预测突出潜在强度对突出矿井的分级管理及指导选用合理、有效、经济的防突措施很有意义。

（4）综合性防范矿井瓦斯突出灾害。防范矿井瓦斯突出灾害是一种综合性的系统工程，是矿井生产过程中的一项重要工作，必须全方位强化安全管理，并应用最新、有效的技术，来实现安全生产。淮南矿区瓦斯爆炸基本上得到了控制，但煤与瓦斯突出事故却接二连三地发生。随着生产的延深，一些原本是非突出的煤层已转化为突出煤层，非突出矿井升级为突出矿井。突出对安全生产的威胁越来越大，防治突出成为瓦斯治理的重点和难点。为此，淮南矿区采取下述综合性措施来防范矿井瓦斯突出灾害的发生：

1）"预测、预报、预警"防突综合预报方法。

① 综合防突，预报先行。研究和统计表明，突出煤层中真正具有突出危险的区域只占煤层总面积的 20%～30%。突出危险预测预报的最大意义在于找出和划分煤层突出危险性区域，节省防突费用，

使防突措施更具针对性。区域预测主要用 D、K 指标法，受测压资料的制约，突出煤层危险性区域划分不完整，缺乏超前指导性。日常防突指标法（钻屑量 S、钻孔瓦斯初速度 q、钻屑解吸指标 K_1 值）预报中，既有"经预报有突出危险"而未发生突出的情况，也有"预报无突出危险"结果却发生突出的实例，点预报可信度低。突出机理是复杂的，其发生条件和规律至今尚不明了，奢望用一种方法获得准确的预报结果暂不现实。淮南矿区把开展防突预测预报方法研究作为防突工作的突破口，采用多种先进的预报技术手段，为建立一套适合矿区条件的"预测、预报、预警"防突综合预报方法做了很多工作。

② 瓦斯地质区域预测。运用瓦斯地质理论和技术，结合先进的三维地震手段，开展瓦斯突出煤体形成和发育规律，瓦斯、构造、构造煤的空间分布形态，瓦斯、地质对突出的影响等研究，确立区域预测预报方法、指标。完成矿区突出煤层危险性区划和编制对生产具有实际指导意义的瓦斯地质图。

③ 非接触式点预报技术的全面应用。大构造控制煤层的瓦斯和突出危险性大小分布，小构造往往是突出显著的地质标志，这是淮南矿区的特点。日常防突预报在现有的指标法基础上，还结合下列方法进行预报：电磁波透视技术、装备，探测煤体突出危险点；地质雷达预报煤体前方地质构造和瓦斯富集区；AE 声发射指标预报煤与瓦斯突出危险性。

④ 动态连续监测预警技术。突出发生绝不是一蹴而就，必然经历一个"能量"蓄积和释放过程，突出发生前有不同形式的预兆，如煤体内声响，打钻过程夹钻、顶钻、喷孔，支架来压，瓦斯忽大忽小，煤体结构发生变化等。及时掌握这些征兆对防突意义重大，在现场靠作业人员很难有效采集这类信息，用电磁辐射（EME）技术的 KBD5 监测仪，接入安全监控系统实现突出预警非常值得研究。

2）完善矿区保护层开采技术体系。保护层开采是最有效、最经济的区域防治煤与瓦斯突出措施，它可以高效地消除被保护煤层的突出危险性，改善煤层瓦斯抽放性能，满足高产高效生产的需要。淮南矿区有着自然的保护层开采条件，已积累了一些保护层开采技术经验。"淮南新庄孜煤层群多重开采上保护层防突技术"项目的成功，取得了大量翔实的考察数据，得出了对生产具有指导意义的结论，对相同条件下保护层开采具有普遍的参照价值。

《潘一、潘三矿远距离下保护层开采技术》现已取得明显的阶段性成果，受保护的突出煤层掘进过程突出预报指标明显减小，煤层透气性增加。通过回采过程的进一步观测、考察，将得出完整的技术资料。法距 65m 以上，开采 11 - 2 下覆煤层，13 - 1 煤层得到成功保护，国内没有先例，它将根本解决淮南新区 13 - 1 开采过程的瓦斯突出问题。

潘二矿开采 B5 上保护层解放 B4 严重突出危险煤层，李二矿急倾斜煤层群开采 B9 煤层、保护 B8 突出煤层两项科研作为下步保护层开采的重点研究，通过总结，制出规范，形成矿区完善的保护层开采技术及突出预测体系，使矿区瓦斯综合治理实现新的突破。

3）加大顺层长钻孔抽放瓦斯技术工艺攻关。淮南矿区瓦斯抽放量巨幅增长得益于顶板走向钻孔抽放技术。2001 年，顶板走向钻孔抽放瓦斯约占抽放总量的 64%；该方法已在矿区普遍应用，抽放能力基本发挥到了极致。实现矿区抽放总量 1 亿立方米的目标寄希望于顺层孔预抽。要把抽放技术研究重点放在顺层长钻孔抽放方法上，寻求技术、工艺、装备上的改进。主要研究的内容包括：提高钻孔深度、钻进速率、钻孔成形技术；打钻过程的防尘、排渣、排水技术；钻具扩孔、高压水射流扩孔技术；深孔控制预裂爆炸、煤层深孔高压注水提高抽放效果技术；钻孔抽放封孔工艺；煤巷"边抽边掘"巷帮钻场钻孔，工作面顺层上向钻孔、下向钻孔的布置方式、参数；抽放效果考察方法和防突效果评价指标。形成一套成熟的顺层长钻孔抽放瓦斯技术、钻具、工艺及预测效果评价体系。

1 试验矿井目标煤层瓦斯放散动力学特性研究

通过在顾（南区）–796m 11 – 2 ~ 13 – 1 煤层现场采集若干组突出煤层煤样，测定其钻屑瓦斯解吸指标 K_1、瓦斯放散初速度指标 Δp 和煤的坚固性系数 f 等基础参数，根据实验室测定的值进行理论分析，建立钻屑瓦斯解吸指标 K_1 同瓦斯压力 p、瓦斯放散初速度指标 Δp 和煤的坚固性系数 f 值的关系的数学模型，并对煤层突出危险性进行分析。

1.1 煤层钻屑瓦斯解吸指标测定

直接法瓦斯含量测定方法包括两部分：井下现场解吸和实验室解吸。这里主要介绍现场解吸步骤。所有用于取样的煤样罐在使用前必须进行气密性检测；气密性检测可通过向煤样罐内注空气至表压 1.5MPa 以上，关闭后搁置 12h，压力不降方可使用。禁止在丝扣及胶垫上涂润滑油。

在使用解吸仪之前，将量管内灌满水，关闭底塞并倒置过来，如图 1 – 1 所示，放置 10min 后量管内水面不动为合格。

现场采样步骤如下：

（1）在采样钻孔同一地点至少应布置两个取样钻孔，间距不小于 6m。在未经过瓦斯抽采的石门、岩石巷道或新暴露的采掘工作面向煤层打钻，用煤芯采取器（简称煤芯管）采集煤芯或定点取样采集煤屑，采集煤芯时一次取芯长度应不小于 0.5m。

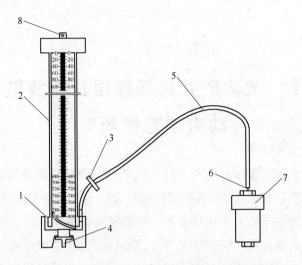

图 1 - 1　瓦斯解吸速度测定仪与煤样罐连接图

1—排水口；2—量管；3—弹簧夹；4—底塞；5—排气管；

6—穿刺针头或阀门；7—煤样罐；8—吊环

（2）采样深度应超过钻孔施工地点巷道的影响范围，在采掘工作面取样时，采样深度应根据采掘工作面的暴露时间来确定，但不得小于 12 ~ 14m；在石门或岩石巷道采样时，距煤层的垂直距离应视岩性而定，但不得小于 5m。采样时间是指用于瓦斯含量测定的煤样从割芯（或钻屑）到被装入煤样罐密封所用的实际时间。采样时间越短越好，但不得超过 30min。

（3）对于柱状煤芯，采取中间含矸石少的完整的部分；对于粉状及块状煤芯，要剔除矸石、泥石及研磨烧焦部分。不得用水清洗煤样，保持自然状态装入密封罐中，不可压实，罐口保留约 10mm 空隙。

（4）密封前，先将穿刺针头插入罐盖上部的密封胶垫，以避免造成煤样罐憋气现象，然后再用扳手拧紧罐盖，再将排气管与穿刺针头连接来测定瓦斯解吸速度。井下自然解吸瓦斯量采用解吸仪测定。如图 1 - 1 所示，煤样罐通过排气管 5 与解吸仪连接后，打开弹簧夹

3，随即有从煤样泄出的瓦斯进入量管，用排水集气法将瓦斯收集在量管内。

每间隔一定时间记录量管读数 V_t 及测定时间 t，连续观测 60min 或至解吸量小于 $2cm^3/min$ 为止。开始观测前 30min 内，间隔 1min，以后每隔 $2\sim5min$ 读数一次；记录观测结果，同时记录气温、水温及大气压力。

如果量管体积不足以容纳 60min 内从煤样泄出的全部瓦斯，可以中途用弹簧夹 3 夹住排气管使煤样罐与解吸仪断开，重新迅速给解吸仪补足清水，然后打开弹簧夹 3 连通解吸仪继续观测。如果在解吸仪观测中没有瓦斯泄出，应当检查穿刺针头、排气管及煤样罐上部排气孔是否堵塞。如果没有堵塞，则是瓦斯含量过小所至，此时，即可终止观测，送实验室测定。观测结束后，抽出穿刺针头，将压紧螺丝稍加拧紧。

煤样罐密封运到井上后，要进行试漏，将煤样罐沉入清水中，仔细观察 5min，检查有无气泡冒出。如果发现有气泡渗出，则要更换煤样罐或胶垫重新取样。如不漏气，可以送实验室按照《煤层瓦斯含量井下直接测定方法》（AQ 1066—2008）继续进行实验。

现场测定钻屑瓦斯解吸指标是煤与瓦斯突出预测或防突措施效果检验的一项重要指标，煤层平巷、煤层上下山、回采工作面进行煤与瓦斯突出预测或防突措施效果检验时，宜采用干式打眼方式，钻孔直径为 $42\sim89mm$，孔深为 $8\sim10m$，效果检验孔孔深应不大于措施孔孔深。

进行突出危险性预测时，根据断面大小确定钻孔数量为 3 个，石门掘进到离煤层法线垂距 $5\sim6m$ 时布置第一轮预测钻孔，一个钻孔位于石门中部，沿工作面前进方向略偏上布置；另两个钻孔分别位于左上角和右上角，终孔点应位于工作面轮廓线上帮 5m、两侧 3m 以外。

当预测为无突出危险时，则在工作面到煤层法线垂距 $3\sim4m$ 时布置第二轮预测钻孔，布孔方法与第一轮钻孔相同，终孔点应位于工作面轮廓线上帮 3m，两侧 2.5m 以外。

当预测仍然为无突出危险时，则在工作面到煤层法线垂距 1.5 ~ 2m 时布置第三轮预测钻孔，布孔方法与第一轮相同，终孔点应位于工作面轮廓线 2m 以外。

1.2 B11 - 2 煤层考察钻孔煤芯瓦斯解吸规律

顾（南区）B11 - 2 煤层（南二）回风大巷顺层钻孔布置在北下山采区 B11 - 2 煤层回风大巷，设计 2 个考察钻孔沿 B11 - 2 煤层钻进，孔径 95mm，钻孔长度 45 ~ 55m。考察钻孔用压风排渣，在钻孔钻进 15m、25m、35m 时，用塑料桶在孔口采取煤芯煤样，并记录相关数据。采样前用压风将孔中残岩渣排净，再用压风钻进排渣、取样。钻孔考察取芯参数如表 1 - 1 ~ 表 1 - 7 所示。1 号考察钻孔 15m 处取煤芯解吸瓦斯量曲线如图 1 - 2 所示。

表 1 - 1 1 号考察钻孔 15m 处取煤芯参数

钻孔编号	1 号 - 15m	测定日期	2010 - 04 - 03
采样罐编号	M1	煤样质量/g	3036
钻孔遇煤深度/m	15	取样深度/m	1
取屑开始时间	10 时 18 分	取屑结束时间	10 时 21 分
开始解吸时间	10 时 23 分	损失时间/min	8

表 1 - 2 1 号考察钻孔 25m 处取煤芯参数

钻 孔 号	1 号 - 25m	测定时间	2010 - 04 - 03
采样罐编号	M10	煤样质量/g	3108
钻孔遇煤深度/m	25	取样深度/m	1
取屑开始时间	10 时 29 分	取屑结束时间	10 时 31 分
开始解吸时间	10 时 31 分 16 秒	损失时间/min	6

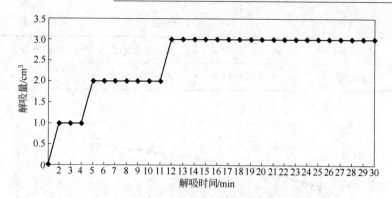

图 1-2 1 号考察钻孔 15m 处取煤芯解吸瓦斯量曲线

观察结果：解吸量 $X_0 + X_1 = 0.905 cm^3/g$。

1 号考察钻孔 25m 处取煤芯解吸瓦斯量曲线如图 1-3 所示；1 号考察钻孔 30m 处取煤芯解吸瓦斯量曲线如图 1-4 所示；1 号考察钻孔 45m 处取煤芯解吸瓦斯量曲线如图 1-5 所示。

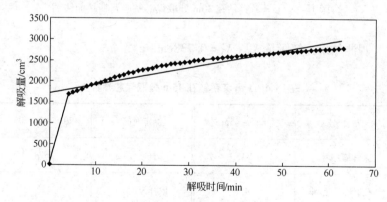

图 1-3 1 号考察钻孔 25m 处取煤芯解吸瓦斯量曲线

观察结果：解吸量 $X_0 + X_1 = 0.738 cm^3/g$。

表 1-3 1 号考察钻孔 35m 处取煤芯参数

钻 孔 号	1 号-35m	测定时间	2010-04-03
采样罐编号	M3	煤样质量/g	3035
钻孔遇煤深度/m	35	取样深度/m	1

取屑开始时间	10 时 33 分 00 秒	取屑结束时间	10 时 36 分
开始解吸时间	10 时 36 分 14 秒	损失时间/min	8

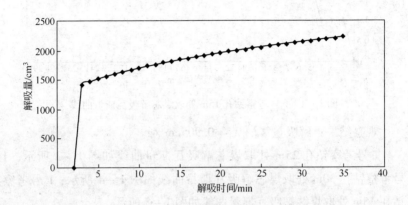

图 1 - 4　1 号考察钻孔 30m 处取煤芯解吸瓦斯量曲线

观测结果：解吸量 $X_0 + X_1 = 0.738 \text{cm}^3/\text{g}$。

表 1 - 4　1 号考察钻孔 45m 处取煤芯参数

钻 孔 号	1 号 - 45m	测定时间	2010 - 04 - 05
采样罐编号	M13	煤样质量/g	2874
钻孔遇煤深度/m	45	取样深度/m	1
取屑开始时间	10 时 34 分 00 秒	取屑结束时间	10 时 36 分
开始解吸时间	10 时 36 分 12 秒	损失时间/min	6

2 号考察钻孔 25m、35m、45m 处取煤芯解吸瓦斯量曲线如图 1 - 6 ~ 图 1 - 8 所示。

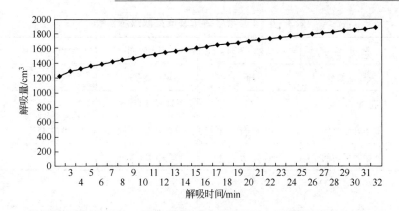

图1-5 1号考察钻孔45m处取煤芯解吸瓦斯量曲线

观测结果：解吸量 $X_0 + X_1 = 0.634 \text{cm}^3/\text{g}$。

表1-5 2号考察钻孔25m处取煤芯参数

钻 孔 号	2号-25m	测定时间	2010-04-06
采样罐编号	M5	煤样质量/g	2715
钻孔遇煤深度/m	20	取样深度/m	1
取屑开始时间	10时40分25秒	取屑结束时间	10时41分59秒
开始解吸时间	10时43分10秒	损失时间/min	6

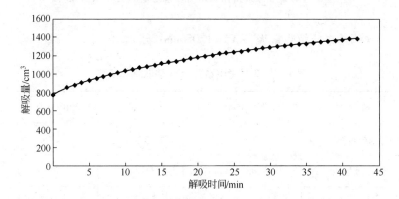

图1-6 2号考察钻孔25m处取煤芯解吸瓦斯量曲线

观测结果：解吸量 $X_0 + X_1 = 0.476 \text{cm}^3/\text{g}$。

表 1 – 6 2 号考察钻孔 35m 处取煤芯参数

钻 孔 号	2 号 – 35m	测定时间	2010 – 04 – 06
采样罐编号	M6	煤样质量/g	2977
钻孔遇煤深度/m	35	取样深度/m	1
取屑开始时间	10 时 44 分 32 秒	取屑结束时间	10 时 45 分
开始解吸时间	10 时 45 分 23 秒	损失时间/min	6

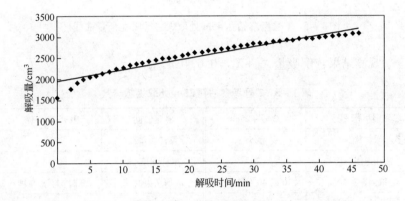

图 1 – 7 2 号考察钻孔 35m 处取煤芯解吸瓦斯量曲线

观测结果：解吸量 $X_0 + X_1 = 1.056 \text{cm}^3/\text{g}$。

表 1 – 7 2 号考察钻孔 45m 处取煤芯参数

钻 孔 号	2 号 – 45m	测定时间	2010 – 04 – 06
采样罐编号	M2	煤样质量/g	2976
钻孔遇煤深度/m	45	取样深度/m	1.5
取屑开始时间	10 时 46 分 31 秒	取屑结束时间	10 时 47 分
开始解吸时间	10 时 47 分 40 秒	损失时间/min	7

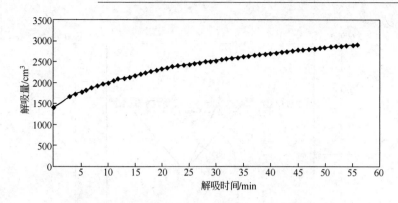

图 1－8 2 号考察钻孔 45m 处取煤芯解吸瓦斯量曲线

预测结果：解吸量 $X_0 + X_1 = 0.984 cm^3/g$。

1.3 考察钻场穿层钻孔 11－2 煤层 煤芯解吸规律

考察钻孔布置在南二下山采区 11－2 的下部，钻孔设计垂直机道下山中线、上向钻孔，孔径 95mm，钻孔长度 22～35m。钻孔布置参数如表 1－8～表 1－12 所示。南二 11－2 机道下山钻孔布置剖面图如图 1－9 所示。

表 1－8 南二 11－2 机道下山考察钻场钻孔参数表

钻场	考察钻孔	倾角 /(°)	预计见煤点/钻孔 长度/m	备 注
1 号钻场	1－1 号孔测压	45	26/34	全煤芯取样解吸瓦斯
	1－2 号孔测压	60	22/26	全煤芯取样解吸瓦斯
2 号钻场	2－1 号孔测压	45	26/34	全煤芯取样解吸瓦斯
	2－2 号孔测压	60	22/26	全煤芯取样解吸瓦斯

1－2 号考察钻孔 25m 处取煤芯（1～6mm）解吸瓦斯量曲线如图 1－10 所示。

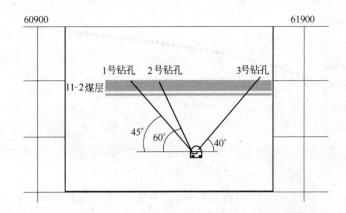

图 1 - 9　南二 11 - 2 机道下山钻孔布置剖面图

表 1 - 9　1 - 2 号考察钻孔 25m 处取煤芯（1 ~ 6mm）参数

钻孔 号	1 - 2 号（1 ~ 6mm）	测定时间	2010 - 05 - 23
采样罐编号	M4	煤样质量/g	2966
钻孔遇煤深度/m	25	取样深度/m	2
钻孔遇煤时间	9 时 18 分 23 秒	钻孔倾角/(°)	60
取屑开始时间	9 时 20 分 34 秒	取屑结束时间	9 时 28 分 45 秒
开始解吸时间	9 时 32 分 59 秒	损失时间/min	4

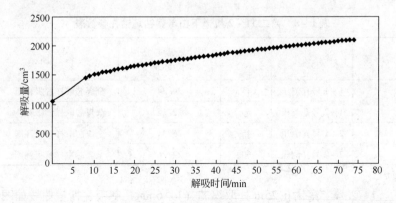

图 1 - 10　1 - 2 号考察钻孔 25m 处取煤芯（1 ~ 6mm）解吸瓦斯量曲线

预测结果：解吸量 $X_0 + X_1 = 0.720\text{cm}^3/\text{g}$。

表1-10　1-1号考察钻孔25m处取煤芯（全样）参数

钻　孔　号	1-1号（全样）	测定时间	2010-05-23
采样罐编号	M5	煤样质量/g	2875
钻孔遇煤深度/m	25	取样深度/m	2
钻孔遇煤时间	14时29分43秒	钻孔倾角/(°)	45
取屑开始时间	14时30分07秒	取屑结束时间	14时41分47秒
煤样装罐时间	14时42分17秒	装罐结束时间	14时43分57秒
开始解吸时间	14时44分01秒	损失时间/min	8

1-1号考察钻孔25m处取煤芯（全样）解吸瓦斯量曲线如图1-11所示。

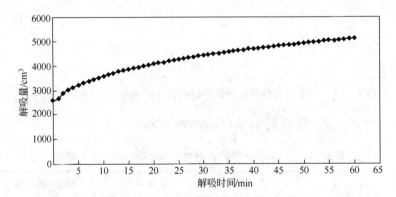

图1-11　1-1号考察钻孔25m处取煤芯（全样）解吸瓦斯量曲线

预测结果：解吸量 $X_0 + X_1 = 1.854\text{cm}^3/\text{g}$。

表1-11　1-1号考察钻孔24m处取煤芯（1~6mm）参数

钻　孔　号	1-1号（1~6mm）	测定时间	2010-05-23
采样罐编号	M14	煤样质量/g	2654
钻孔遇煤深度/m	24	取样深度/m	2
钻孔遇煤时间	15时28分43秒	钻孔倾角/(°)	45

取屑开始时间	15 时 29 分 07 秒	取屑结束时间	15 时 41 分 47 秒
煤样装罐时间	15 时 46 分 33 秒	装罐结束时间	15 时 45 分 43 秒
开始解吸时间	15 时 45 分 07 秒	损失时间/min	11

1 - 1 号考察钻孔 25m 处取煤芯 （1 ~ 6mm） 解吸瓦斯量曲线如图 1 - 12 所示。

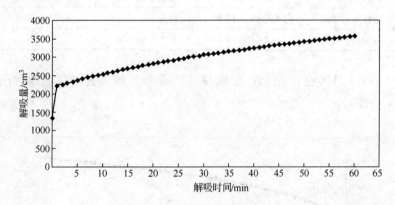

图 1 - 12　1 - 1 号考察钻孔 25m 处取煤芯 （1 ~ 6mm） 解吸瓦斯量曲线

预测结果：解吸量 $X_0 + X_1 = 1.509 \text{cm}^3/\text{g}$。

表 1 - 12　2 - 2 号考察钻孔 24m 处取煤芯 （ > 6mm） 参数

钻 孔 号	2 - 2 号 （ > 6mm）	测定时间	2010 - 05 - 23
采样罐编号	M25	煤样质量/g	2891
钻孔遇煤深度/m	24	取样深度/m	24 ~ 26
钻孔遇煤时间	23 时 00 分 10 秒	钻孔倾角/(°)	60
取屑开始时间	23 时 02 分 19 秒	取屑结束时间	23 时 12 分 27 秒
开始解吸时间	23 时 17 分 25 秒	损失时间/min	9

2 - 2 号考察钻孔 24m 处取煤芯 （ > 6mm） 解吸瓦斯量曲线如图 1 - 13 所示。

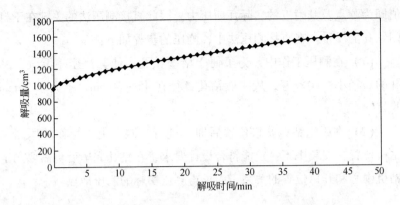

图 1 - 13　2 - 2 号考察钻孔 24m 处取煤芯（ >6mm）解吸瓦斯量曲线

预测结果：解吸量 $X_0 + X_1 = 0.679\text{cm}^3/\text{g}$。

1.4　试验区煤层瓦斯压力测定

现行的煤层瓦斯压力测定方法可以归纳为间接测定煤层瓦斯压力的方法和直接测定煤层瓦斯压力的方法。

间接测压法是根据煤层瓦斯的流动规律、瓦斯的解吸规律，应用煤层的渗透系数、煤层瓦斯含量系数和瓦斯容量曲线等，在测压地点附近测定煤层瓦斯涌出量或统计采掘期间的瓦斯涌出量等参数，计算推测测定点的瓦斯压力。间接测压法计算粗略、误差大、实验室工作量大、需要专门的设备和熟练的操作技术等。

直接测定煤层瓦斯压力的方法即是由岩层巷道或煤层巷道中向预定测量瓦斯压力的地点，用钻机打一钻孔，然后从钻孔中引出一根管子及测压装置，再将钻孔严密封闭堵塞，用压力表和钻孔内引出的管子或测压装置相连，从而测出煤层中的瓦斯压力。

1.4.1　瓦斯压力测试钻孔施工

如果在测定中能保证钻孔封闭得严密不漏气，则压力表显示的数值即为测点及其附近的实际瓦斯压力，因此直接测压法的关键在于封闭钻孔的质量。在直接测压法中，测压的步骤如下：

（1）在测压工作中，为了便于堵塞钻孔，使其严密不漏气，钻孔的直径小一些较好，故一般钻孔直径在 45～60mm，不大于 75mm 为好。

（2）在确定钻孔开口位置后即可进行打眼，由于操作的原因和钻机位置在安装中不一定能符合设计要求，在钻孔完毕后仍需要测定钻机中心和开口位置的关系，以求得真正实际的测压地点。

1.4.2　钻孔的封闭技术

钻孔完毕后，需要封闭堵塞钻孔，其步骤如下：

（1）清除钻孔中残存的岩粉或煤粉。这是非常重要的，因为如不清理则在钻孔底部会造成一层粉末，容易引起漏气使测压失败。在清孔后即可向钻孔中送入测压管或测压装置；测压管一端和压力表接头相连，另一端是开口的，在开口处附近锉出几个裂口，以便于透气，接受钻孔中瓦斯的压力。

（2）堵塞钻孔。从放入测压管后开始堵塞钻孔。封孔的材料种类较多，一般可采用水泥砂浆、黄泥、石膏等。为了防止水泥凝结慢而收缩，在实际应用中，可添加少量水泥添加剂（如膨胀剂、速凝剂等），以改善封孔材料本身的致密性，提高密封效果。

1.4.3　速凝水泥发泡技术测压工艺

使用速凝技术测压时，在封孔的水泥砂浆中加入少量的膨胀剂、速凝剂等水泥添加剂，从而克服了纯水泥凝结慢又收缩的缺点，改善了封孔材料本身的致密性。同时，封孔长度也可根据需要而较大幅度地延长，大大提高了封孔效果。测压封孔方式如图 1-14 所示。

每层原始瓦斯压力的测定按煤炭行业标准 MT/T 638—1996《煤矿井下煤层瓦斯压力的直接测定方法》的规定进行。采用注浆封孔、

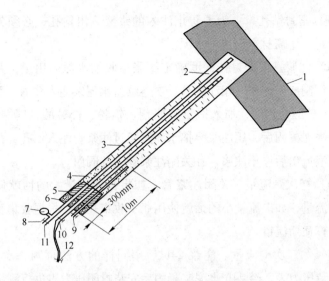

图 1 - 14 新型封孔测压装置示意图

1—煤层；2—测气室；3—水泥浆；4—马丽散；5—木塞；6—锚固剂；7—压力表；
8—球阀；9—注浆管；10—放水；返浆管；11—测压管；12—透明高压胶管

主动式测压方法，如图 1 - 14 所示。

测定瓦斯压力的具体过程如下：

（1）选择测压孔的位置。在需要测定煤层瓦斯压力的地点，选择无地质构造的地段安装钻机。

（2）安装瓦斯管和回浆管。瓦斯管为内径 3mm 的高压胶管，用于测定瓦斯压力；瓦斯管的总长度由钻孔长度确定；瓦斯管最前端用纱布包裹，防止煤渣进入瓦斯管；回浆管为 3.3cm（1 寸）塑料管，2m 长一节，用接头相连，胶水密封；回浆管末端带有阀门。将瓦斯管和回浆管一起送入钻孔。

（3）安装注浆管。钻孔施工结束后，将测管安装在钻孔中预定的封孔深度，在孔口用聚氨酯快速固定测管，并安好注浆管。注浆管为 3.3cm（1 寸）铁管，长 1m，带有阀门和高压胶管快速接头，以便和注浆泵相连，将瓦斯管和注浆管送入钻孔。

（4）密封钻孔口。为了防止注入的浆液流出钻孔，必须先对钻孔口密封。所需材料为快干水泥。

（5）注浆。根据封孔深度确定膨胀不收缩水泥的用量，并按一定比例配制成水泥浆，用注浆泵一次连续将水泥浆注入孔内。配制浆液：425 硅酸盐水泥，加入适量膨胀剂、铝粉、柠檬酸、碳酸锌等。待快干水泥凝固后，用注浆泵把水泥浆通过注浆管注入钻孔，待回浆管有浆液流出后停止注浆，并关闭注浆管上的阀门。

（6）初次测流量。关闭注浆管，如果瓦斯流量大的话就使用流量计测流量，如果流量小的话就使用瓶子收集瓦斯，根据收集瓦斯的时间计算瓦斯流量。

（7）第二次测流量。注浆 24h 后用同样的方法再测一次流量，然后安装压力表。经 24h 水泥浆凝固后安装封闭压力表进行测压，观察、记录压力值变化，直到其基本稳定。

1.5　−796m 11−2 煤西翼回风上山瓦斯压力测定参数

−796m 11−2 煤西翼回风上山东起进风井、回风井联巷，按方位 268°向北分三段施工，先掘平巷 140.0m，再按 16°起坡上山过 F114 断层，见 11−2 煤层后沿 11−2 煤层施工。截至 2009 年 10 月 25 日，−796m 11−2 煤西翼回风上山已施工至起坡点，距待揭 11−2 煤层 96.0m。根据进风井 11−2 煤层压力为 0.38MPa，预计煤层瓦斯压力为 0.4MPa。附近有 −796m 西翼回风石门正在掘进，为岩巷掘进工作面。11−2 煤层平均厚度为 3.4m，倾角 4°～8°，结构简单，局部变化较大，黑色，粉末状，夹含块状及亮煤条带，属半亮～半暗型煤。直接顶为 6.4m 的粉砂岩。直接底板为 7.15m 的砂质泥岩。−796m 11−2 煤西翼回风上山地层岩性主要为 11−2 煤层、砂质泥岩、泥岩、粉细砂岩、细砂岩。其中煤层、泥岩及砂质泥岩局部较碎，裂隙发育，稳定性差。主要标志层是 11−2 煤层下部普遍有鲕状泥岩，11−2 煤层顶板富含植物化石。

地质构造条件复杂，特别是断层发育，巷道位于 F114、FD16、S111 等断层组成的夹块内，该巷道揭穿 11−2 煤层前须穿过 F114（$\angle 50° \sim 75°$ H $= 34 \sim 64m$）断层。

根据《顾桥井田精查地质报告》及进风井瓦斯情况，11−2 煤层瓦斯含量预计为 $5.6m^3/t$。根据进风井井筒揭 11−2 煤层资料，该煤层突出危险性指标分别为 $p = 0.38MPa$，$f = 0.4 \sim 0.59$，$\Delta p = 4 \sim 5.14$，$k = 6.88 \sim 12.85$，$D = −2.75 \sim −4.85$ 预计揭煤时，巷道最大绝对瓦斯涌出量为 $3.0m^3/min$。

1.5.1 预测孔揭煤工艺流程

当 −796m 11−2 煤西翼回风上山施工至距 11−2 煤层最短距离 20m 时，施工 2 个全孔取芯的前探钻孔，兼作测压钻孔和预测钻孔，并封孔测定瓦斯压力。

如预测有突出危险性，在 −796m 11−2 煤西翼回风上山向前掘进至距 11−2 煤层最短距离 5m 处停头，施工卸压排放钻孔作为防突措施（瓦斯压力达到 2MPa 或有瓦斯动力现象时进行抽采）。实施防突措施后，再进行防突措施效果检验。若检验无效，采取增加排放（抽采）时间、增加钻孔等补充措施，直到措施效果检验有效。

如预测无突出危险性，巷道掘进至距 11−2 煤层底板法距 3m 处时，采取安全防护措施，执行远距离放炮揭开 11−2 煤层。远距离爆破范围为巷道距 11−2 煤层法距 3m 至巷道见 11−2 煤层顶板止。

1.5.2 前探（测压）钻孔

工作面掘进至下口起坡点向上距 11−2 煤层最短距离 20m 处（起坡点 +49.0m）停头，在巷道右帮施工钻场，钻场规格：长 × 深 × 高 $= 3.5m \times 3.0m \times 3.0m$，在钻场内施工前探（测压）钻孔，探明前方地质构造、煤层赋存，初步控制层位，为防突后续工序提供更加准确的设计依据。

本次前探（测压）钻孔设计施工 2 个，均穿过 11 – 2 煤层 0.5m，以达到控制 11 – 2 煤层赋存状况的目的。为了准确掌握煤层赋存情况，前探钻孔必须全取芯，并按顺序摆放好。钻孔施工结束后进行封孔测压。前探（测压）钻孔参数如表 1 – 13 所示。

表 1 – 13 前探（测压）钻孔参数表

孔 号	倾角 /(°)	钻孔方位	开孔高度 /m	孔径 /mm	预计见煤深度 /m
1	16	与巷道平行	1.0	75	72.8 ~ 90.4
2	25	与巷道平行	1.5	75	47.4 ~ 59.5

用 $\phi75mm$ 取芯钻头钻进，根据岩心判断层位，见煤后改用 $\phi73mm$ 三翼刮刀钻头至见 11 – 2 煤顶板 0.5m 后停钻，退出钻杆，完成钻孔施工任务。

采用水泥浆封孔测压。钻孔成孔后送入 13.2cm（4 寸）测压管，其顶部为长 4m、四周布满 $\phi5mm$ 小孔的花管（花管顶部封实），花管四周均匀绑扎纱网，并绑扎牢固，然后下入孔内，花管最外端小孔位于 11 – 2 煤层底板处，测压管外接 13.2cm（4 寸）三通和闸阀。

在孔口安设木塞，木塞内穿入 13.2cm（4 寸）注浆管和测压管。注浆管长 1.0m，外露 150mm，测压管外露 200mm。注水泥浆封孔，前半孔深注浓浆，后半孔深注稀浆，浆液水灰比分别为 0.75：1 和 1：1 两个配比级别，并按 1 袋水泥加入 6kg 速凝膨胀剂的比例进行配比。注浆至返浆管内返浆即可。

放掉测压管内多余溶液，凝固 12h 后安装压力表（6MPa）、蓄水器，通过测压管上 13.2cm（4 寸）三通通用压风管向瓦斯室充入气体弥补打钻施工过程的瓦斯损失。瓦斯室充气完成后安装压力表开始测压。

测压开始每 30min 观测记录一次压力，8h 后每 1h 观测记录一次压力；如果瓦斯压力稳定 3 天以上没有变化，即可得到煤层瓦斯压力，测压管安设有蓄水器，孔内有水时放掉孔内积水。

为准确测定煤层瓦斯压力，使测出的瓦斯压力值能够代表煤层的原始瓦斯压力，要求测压地点应选在不受断层影响和裂隙小的地区，根据这一原则，确定了测压钻孔位置，钻孔参数如表 1−14 及图 1−15 所示。

表 1−14　顾(南区)−796m 11−2 煤西翼回风上山探 11−2 煤层钻孔参数

孔号	钻孔类型	方位角/(°)	倾角/(°)	煤岩情况	终孔深度/m
1	前探钻孔	268	16	0~15m 全岩、16~17m 煤线、17~41m 全岩、41~43.5m 煤	43.5
2	前探钻孔	268	25	0~10.5m 全岩、10.5~11.5m 见煤线、11.5~19m 全岩、19.5~20.5m 煤、20.5~22m 全岩、23~27m 煤	27
3	前探钻孔	268	30	0~7.5m 岩、7.5~8.5m 煤线、8.5~46m 全岩	46
4	前探钻孔	268	−20	0~5m 全岩、6~7m 煤线、8~9.7m 岩、9~9.7m 煤、9.7~16.5m 岩、16.5~18m 煤、18~19.2m 岩、19.2~21.3m 煤、21.3~24.5m 岩	24.5

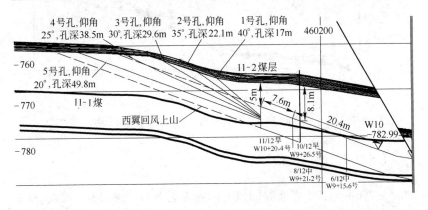

图 1−15　顾(南区)−796m 11−2 煤西翼上山揭 11−2 煤测压钻孔布置图

1.5.3 煤层瓦斯压力测试结果

对淮南矿区顾(南区)-796m 11-2 煤层瓦斯压力进行了测定，测定结果如表 1-15 所示。从表中可以看出，顾(南区)-796m 11-2 煤层的瓦斯压力为 0.5~1.25MPa，钻孔瓦斯压力上升曲线如图 1-16所示。

表 1-15　顾(南区)-796m 11-2 煤层测压结果

煤　层	钻孔号	实 际 参 数			压力/MPa
		孔深/m	标高/m	封孔长度/m	
11-2	1	43.5	-772.25	40.05	0.863
	2	57 57	-771.80 -756.8	34 35	1.255 0.56
	3	46	-768.03	27	0.822
	4	24.5	-764.38	18.5	0.852

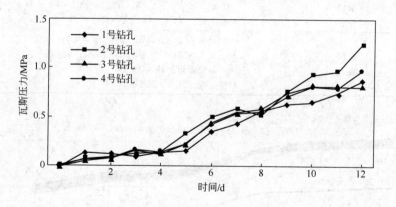

图 1-16　-796m 11-2 西翼回风上山 1~4 号孔瓦斯压力测定

1.5.3.1　测压过程

-796m 11-2 煤西翼回风上山施工至 W11 点前 15m，为进一步探明巷道前方断层产状及煤层层位情况，共施工了 4 个探煤地质钻孔，其中施工的 2 号钻孔揭露了两道煤线，分别为 13.7 ~ 15.5m、36 ~ 42m，判断分别为 11-1 和 11-2 煤，钻孔布置如图 1-17 所示。该孔方位 299°，倾角 27°，在迎头向后退 800mm 右帮施工，共施工了 57m。

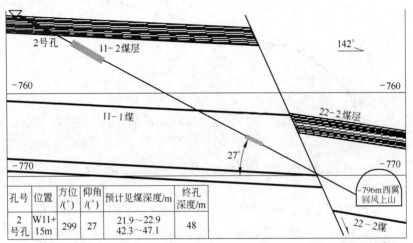

孔号	位置	方位 /(°)	仰角 /(°)	预计见煤深度/m	终孔深度/m
2 号孔	W11+15m	299	27	21.9~22.9 42.3~47.1	48

实际见煤深度：0~13.7m 全岩，13.7~15.5m 煤线，15.5~36m 全岩，36~42m 煤，42~57m 全岩。

图 1-17　-796m 西翼回风上山探 11-2 煤层 2 号钻孔剖面图

对 2 号孔进行封堵测压，先在 2 号孔中下入测压管 36m，然后下入注浆管 6m，用彩色编织袋绑在注浆管上 2m 长，放入马丽散混合溶液，塞进钻孔中。由于马丽散膨胀向孔口流淌，用棉纱塞入孔中及时堵住，然后对孔口外段采用锚固剂封堵。封孔后检查孔内瓦斯，发现浓度较高，超过了 10%，孔内较干燥、没有水。

对测压孔进行注浆封堵，由于孔口段采用了马丽散和锚固剂综合封堵，保证了钻孔注浆质量，整个注浆过程中没有出现浆液泄漏的情况。用水泥浆封好测压孔后，将测压管阀门敞开，释放多余的浆液和孔内少量积水。将测压管阀门关上进行测压，压力表上升较缓慢，压力显示为 0.5MPa。受掘进工作面施工前探钻孔的影响，压力下降为 0.45MPa，去放水发现钻孔内几乎没有水，只放出少量的雾状水蒸气，压力表显示 0.4MPa，至此测压结束，具体测压数据如图 1 - 18 所示。

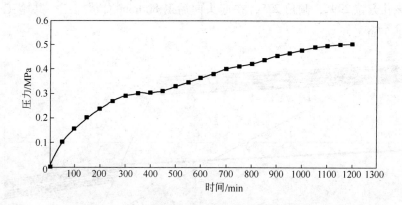

图 1 - 18 2 号测压钻孔瓦斯压力随时间变化规律

从图中曲线及现场放水情况可以看出此次测压的 0.5MPa 显示为真实瓦斯压力，但受到迎头施工前探孔的影响，压力上升缓慢且略有损失，而且整个测气室有 13m 长的空间（钻孔长 57m，封孔深度 34m），所以纵观整个测压过程，瓦斯压力上升缓慢，需要平衡的时间很长。

1.5.3.2 两次测压对比

从封孔工艺方面来说，和第一次测压相比，两次测压封孔均采用水泥浆封孔，但是第一次封孔效果较差，开始注浆就出现浆液泄漏的现象，经过不间断的注浆才得以封孔。第二次注浆仅用了很短时间就封住孔，最主要的差别是第二次注浆保证了孔口一定范围内不漏浆，即在孔口 0.5 ~ 4.5m 段采用马丽散封孔。因而孔口裂隙发育段基本被封堵，封孔质量得以保证，注浆时很顺利。今后的测压封孔中一定要采取综合封堵的办法，即孔口段采用马丽散和锚固剂封堵，孔里段采用水泥浆封堵。

从瓦斯压力变化来说，第一次测压压力值为1.25MPa，第二次测压压力值为0.5MPa，均为放水后的压力。两次测压均为11-2煤层，造成两次测压压力值悬殊较大的原因有以下几个方面：

（1）第一次测压点标高在-771.8m，埋深797.4m；第二次标高在-756.8m，埋深782.4m。两者深度相差15m，煤层呈东低西高的趋势，埋藏深度对瓦斯压力有一定的影响。

（2）第一次测压点处在阶梯状断层中间，即两个连续正断层中间，第二次测压只位于一个正断层的下盘。两个正断层之间的牵引、错动造成了中间煤体的构造应力增加，形成了构造软煤，从而为瓦斯积聚赋存提供了条件。

（3）第一次测压当见煤3m后就停止钻进，封孔长度32m，测气室长8m；第二次测压钻孔长57m，穿透了斜长达6m的11-2煤层，进入其顶板15m，封孔长度34m，测气室长13m，所以第二次测压气室长度约为第一次的两倍，造成压力表上升缓慢，且测压时间较短。

（4）第一次测压是在巷帮钻场内进行的，受施工影响较小，而第二次测压过程中迎头正在施工前探钻孔，在一定程度上影响了瓦斯压力的上升。

通过两次测压得出如下结论：完善了测压钻孔封孔方法，即采用锚固剂、马丽散和水泥浆的综合封孔法，该方法完全能够保证封孔的质量；测压钻孔不要穿透整个煤层（斜长2~3m即可），一是为了防止孔内积水，二是为了尽量缩短测气室的长度，使得瓦斯压力能够较快上升；测压钻孔要尽量布置在受采动影响较小的地方，迎头测压最好停止迎头的一切施工；通过这两次测压还可以发现，南区11-2煤层顶板淋水不大，对测压影响很小。

此次所测压力0.5MPa的钻孔终孔点落在南二11-2煤层回风大巷（一），为下一步在此处揭煤提供了宝贵的瓦斯基础数据。

工作面施工至距11-2煤层最短距离5m处（起坡点+59.8m处），

停止掘进，当预测有突出危险性时，在迎头施工卸压排放钻孔，如瓦斯压力达到 2MPa 或有瓦斯动力现象，对排放钻孔封孔进行抽采。

1.5.4 瓦斯压力达到 2MPa 时抽采钻孔布置

抽采钻孔设计：共施工 8 排，每排 12 个孔，共 96 个抽采钻孔，钻孔孔径 113mm。钻孔终孔位置位于巷道两帮轮廓线外 15m，巷道底板轮廓线外 8m，巷道顶板轮廓线外 10m。钻孔具体布置及施工参数如图 1 – 19 所示。

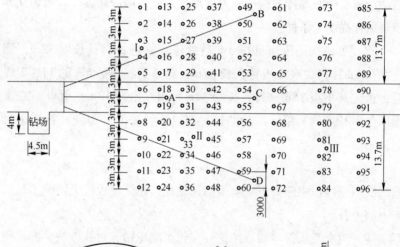

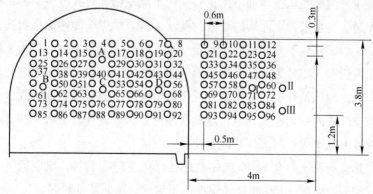

图 1 – 19 11 – 2 煤瓦斯压力不小于 2MPa 时抽采钻孔、效检钻孔布置图

1.5.5 瓦斯压力达到0.74~2MPa时卸压排放钻孔布置

卸压排放钻孔设计钻孔共施工8排，每排9个孔，共72个卸压排放钻孔，钻孔孔径113mm。钻孔终孔位置位于巷道两帮轮廓线外8m，巷道底板轮廓线外5m，巷道顶板轮廓线外8m。钻孔具体布置及施工参数如图1−20所示。

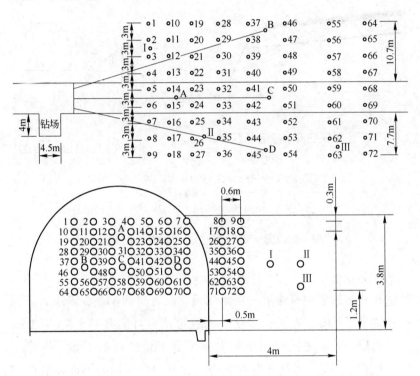

图1−20 11−2煤瓦斯压力为0.74~2MPa时排放钻孔、效检钻孔布置图

1.5.6 实测结果分析

为了评价顾桥矿南区−796m 11−2煤西翼回风上山揭11−2煤层突出危险性，对11−2煤层进行了打钻取样、测压，并对煤样进行了分析化验。现对本次打钻测压、煤样取样分析进行总结。

在 −796m 11 −2 煤层西翼回风上山巷道 W8 + 17.8m 位置（平巷）的左帮做了一个长 4.7m、深 5.2m、高 3.5m 的钻场，在钻场内向迎头方向施工了两个钻孔，钻孔方位和巷道方位一致，穿过 11 −2 煤层底板，探 11 −2 煤层层位兼测压，具体参数布置如图 1 −21 所示。

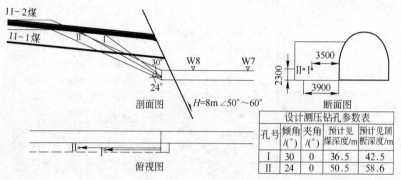

钻孔施工实际见煤情况 Ⅰ号孔：0～15m 全岩，15～17m 煤线，17～37m 全岩，37～40m 煤（为了测压没有穿透煤层）；
Ⅱ号孔：0～61.5m 全岩，61.5～62.3m 煤线，62.3～74m 全岩。

图 1 −21　测压钻孔设计图及实际施工见煤情况

在 1 号钻孔施工过程中见煤情况和设计参数基本吻合，但在 2 号钻孔施工过程中只碰见一层薄煤线，没有碰到 11 −2 煤层，该钻孔共施工了 74m，全岩。分析认为巷道前方可能有一个落差约 2m 的正断层，1 号钻孔由于倾角大施工到了该断层的上盘，揭穿了 11 −2 煤层。而 2 号钻孔有可能施工在断层的断层面上而没有碰到 11 −2 煤层，或者由于断层的落差较大，而 2 号钻孔施工到了断层下盘，但由于下盘 11 −2 煤层上升较高，钻孔还没有揭穿。由于 2 号钻孔报废，故对 1 号孔即断层上盘 11 −2 煤层进行了取样和测压工作。

从表 1 −16 中可以看出综合指标值 K 值偏大，大于临界值 15，其他指标均未超标，但瓦斯放散初速度 Δp 值接近临界值 10。

表 1−16   顾(南区)11−2 煤瓦斯敏感参数测定

采样地点：南区西翼回风上山揭煤 (11−2) 煤层 (306 施工队)		
	项　　目	数　　值
瓦斯参数结果	吸附常数 $a/m^3 \cdot t^{-1}$	18.342
	吸附常数 b/MPa^{-1}	1.2113
	坚固性系数 f	0.532
	放散初速度 Δp	9.82
	突出综合指标 K	18.45

进行 1 号孔的封孔工作，由于注浆过程中出现了和 2 号孔串液现象，且断面由于喷浆不实，造成在封孔过程中浆液泄漏，后采取注一段停一段的方法，采取逐段封孔，等待浆液沉淀后再连续不间断地注浆。将测压管阀门关上进行测压，压力表显示 1.25MPa。为了查清测压管中积水情况，进行了放水，但测压管中仅有少量的水，放水后压力表显示为 1.12MPa，关上阀门 2h 后压力又恢复到 1.22MPa，因而基本确定压力表显示压力为瓦斯压力。最后将测压管的阀门全部打开，先是少量的积水排出，然后是大量的瓦斯混合气体释放，直至压力表显示为 0，此时从测压管中流出汩汩黑水，为 11−2 煤层裂隙水，并且煤水有一定的热度。分析认为此次测压为真实的瓦斯压力值，由于瓦斯压力大于水压，将煤层里面的裂隙水封堵在煤层中，而没有存积在测压管中。

为再次验证第一次测压为真实压力，放完钻孔内的气体和水后接着又关上阀门重新进行测压，从开始较详细地记录了各个时间段对应的瓦斯压力值，并对瓦斯压力随着时间变化规律做出曲线进行分析，如图 1−22 所示。

从图中可以看出，瓦斯压力随着时间缓慢上升，刚开始阶段瓦斯压力上升较快，最后瓦斯压力增加较慢，基本保持不变。可以看出瓦斯压力增高过程并非是由水压造成的直线上升过程，而是瓦斯气体不断释放、积聚致使瓦斯压力逐渐增高的过程。瓦斯压力为 0.92MPa。

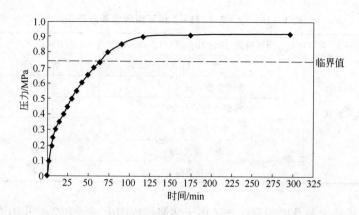

图 1 - 22 1 号测压钻孔瓦斯压力随时间变化规律

因此综合以上分析，此次测压能真实反映 11 - 2 煤层的瓦斯压力。

但鉴于此次测压、取样的煤位于断层的上盘，而即将揭煤巷道在断层的下盘，所以此次取样测压结果只能作为日后揭煤的参考。等工作面距 11 - 2 煤层底板最小法距 5m 时还需要进行打钻测压、取样工作。顾（南区）11 - 2 煤瓦斯参数测定如表 1 - 16 所示。

1.6 试验区掘进工作面瓦斯参数测定

1411（1）运输顺槽巷道设计全长约 2771m，起止标高：-754.4 ~ -565.6m，巷道方位 290°，在南二 11 - 2 煤层回风大巷（一）W15 点 +40m 处上帮拨门，巷道跟 11 - 2 煤层顶板掘进。工作面绝对瓦斯涌出量预计在 3.0m³/min 左右。该区域的 11 - 2 煤层煤的坚固性系数 $f = 0.51 ~ 0.80$，突出综合指标 $K = 4.21 ~ 11.4$，瓦斯放散初速度 $\Delta p = 4.0 ~ 7.2$，施工期间未出现喷孔、顶钻等瓦斯动力现象。

该巷道为顾（南区）首个采煤面 1411（1）工作面的运输顺槽，为了加强巷道掘进期间瓦斯管理，进一步收集 11 - 2 煤层的瓦斯资料。

工作面西高东低，向北东、南东方向倾斜，倾角 3° ~ 6.5°；11 - 2 煤层厚度 2.76 ~ 3.58m，平均厚度 3.23m；由暗煤、亮煤组成，夹少量镜煤条带，为半暗 ~ 半亮型煤。老顶：5.3m 厚的浅灰色粉砂岩，粉细砂结构，致密坚硬，稳定；直接顶：1.72m 厚的深灰色泥岩，泥质结构，裂隙发育，局部含砂；直接底：浅灰色的砂质泥岩，砂泥质结构，较稳定。预计巷道施工将揭露 FD9 断层及其次生断层，并将受 F110、FS29 断层及其次生断层影响。

1.6.1 钻屑瓦斯解吸指标 K_1 值测定

在工作面煤层内施工 3 个孔径为 42mm、孔深为 10m 的测定钻孔（存在软分层时钻孔布置在软分层中，没有则布置在煤层中部）。−796m 1411（1）运顺掘进瓦斯参数测定钻孔布置如图 1 - 20 所示。工作面左边测定钻孔（1 号）和右边测定钻孔（3 号）开孔位置距巷道左帮和右帮分别为 0.5m，终孔位置距巷帮轮廓线外 3.0m。工作面中间测定钻孔（2 号）开孔位置位于工作面煤层中部。钻孔施工采用 ϕ42mm 的钻头钻进，螺旋钻杆排渣，速度控制在 1m/min 左右，钻进速度应均匀。每钻进 2m 测定 1 次钻屑瓦斯解吸指标 K_1 值，K_1 值采用 WTC 瓦斯突出参数仪严格按操作规程进行测定，取测定的最大值记为该钻孔的钻屑瓦斯解吸值。

1.6.2 钻屑量指标 S_{max} 测定

利用钻屑瓦斯解吸指标 K_1 测定孔同时进行钻屑量指标 S_{max} 测定。使用弹簧秤测定钻屑量指标 S_{max}。钻孔每施工 1m 测定一次钻屑量，取测定的最大值作为该钻孔的钻屑量测定值。

1.6.3 钻孔瓦斯涌出初速度 q 测定

利用中间测定孔 2 号钻孔在 2 ~ 6m 之间每隔 2m 测定一个钻孔瓦

斯涌出初速度 q 值作为其他两项预测指标的参考值。如果超标，则必须测定其余两个孔 q 值。1411（1）运输顺槽掘进瓦斯参数测定钻孔参数如表 1 – 17 所示。

表 1 – 17 1411（1）运输顺槽掘进瓦斯参数测定钻孔参数

孔号	孔径 /mm	钻孔与巷中线夹角/（°）	钻孔倾角	开孔水平位置	孔深 /m
1	42	20.50（左偏）	与巷道煤层倾角一致	工作面煤层中部，距巷帮 500mm	10
2	42	0	与巷道煤层倾角一致	工作面煤层中部，巷中	10
3	42	20.50（右偏）	与巷道煤层倾角一致	工作面煤层中部，距巷帮 500mm	10

注：工作面煤层赋存发生变化时钻孔参数根据实际情况进行调整。当迎头有软分层时，钻孔布置在软分层中。两帮钻孔终孔位置控制在巷帮轮廓线外 3.0m。

1.6.4 预测结论

工作面开始掘进前即开始测定钻屑瓦斯解吸指标 K_1 值、钻屑量指标 S_{max} 和钻孔瓦斯涌出初速度 q 值。– 796m 1411（1）运顺掘进面 1 ~ 3 号孔煤层瓦斯压力测定曲线如图 1 – 23 所示。

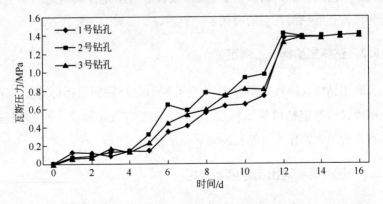

图 1 – 23 – 796m 1411（1）运顺掘进面 1 ~ 3 号孔煤层瓦斯压力测定曲线

巷道正常掘进期间执行循环预测，即工作面掘进期间测定钻屑瓦斯解吸指标 K_1 和钻屑量指标 S_{max}。若预测（效检）结果中 K_1 值均小于 $0.4 mL/(g \cdot min^{1/2})$、$S_{max}$ 均小于 $6.0 kg/m$，且 q 值均小于 $4L/min$，此工作面即定性为无突出危险工作面，保留不少于 2m 超前距循环测定。任何一次预测结果中若 $K_1 \geqslant 0.4 mL/(g \cdot min^{1/2})$、$S_{max} \geqslant 6.0 kg/m$ 或 $q_{max} \geqslant 4L/min$，此工作面即定性为突出危险工作面。

测定结束后，若预测结果为无突出危险工作面，测定人员必须将允许进尺距离通知工作面施工单位班长，并向通风队及调度室汇报。预测结论为突出危险工作面时，必须立即停止掘进工作面，根据具体指标超标情况，来施工排放钻孔或施工巷帮钻场抽采，并通过效果检验确定安全后方可继续进尺。

1.6.5 前探钻孔施工工艺

巷道拨门前必须先施工一茬前探钻孔，进入 11-2 煤层正常掘进后在前探钻孔掩护下施工，前探钻孔超前距为 10m（投影距）。施工前探钻孔前必须先进行预测，在预测不超标下方可施工前探钻孔。如果预测超标，必须采用浅孔排放或其他防突措施，只有在工作面前方形成 5m 的措施安全屏障后方可施工前探钻孔。1411（1）运输顺槽拨门处前探钻孔施工参数如表 1-18、表 1-19 所示。

表 1-18　1411（1）运输顺槽拨门处前探钻孔施工参数

孔号	钻孔与巷中夹角/(°)	孔径/mm	钻孔倾角/(°)	钻孔开孔位置距巷中距离/m	钻孔开孔高度/m	孔深/m
1	8	108	5	1.68	距煤层底板 0.5	62~75
2	3	108	5	0.56	距煤层底板 0.5	61~75
3	-3	108	5	0.56	距煤层底板 0.5	61~75
4	-9	108	5	1.68	距煤层底板 0.5	61~75

注：巷道拨门处前探钻孔倾角暂按照 5° 施工，具体可根据现场施工见煤岩情况进行调整。

表 1-19　1411(1) 运输顺槽前探钻孔施工参数

孔号	钻孔与巷中夹角/(°)	孔径/mm	钻孔倾角	钻孔开孔位置距巷中距离/m	钻孔开孔高度/m	孔深/m
1	9	108	与巷道煤层倾角一致	1.5	距煤层底板0.5	61~75
2	3	108	与巷道煤层倾角一致	0.5	距煤层底板0.5	61~74
3	-3	108	与巷道煤层倾角一致	0.5	距煤层底板0.5	61~74
4	-9	108	与巷道煤层倾角一致	1.5	距煤层底板0.5	61~75

　　巷道在拨门处和进入煤层正常掘进后，执行 4 个前探钻孔掩护措施，1 号、4 号钻孔终孔控制到巷道轮廓线外 8~10m。取两个帮孔（1 号和 4 号）的最短深度和中间钻孔（2 号和 3 号）的最长深度来决定进尺距离。施工参数如表 1-18~表 1-25 所示。钻孔采用 SGZ-150/300 钻机施工，钻头直径不小于 108mm，螺旋钻杆排渣。

1.6.6　防突预测钻孔布置

　　工作面在掘进过程中出现以下情况时立即停止掘进执行防突措施：预测过程中若 $K_1 \geqslant 0.4 \text{mL}/(\text{g} \cdot \text{min}^{1/2})$ 或 $q_{max} \geqslant 4\text{L/min}$，工作面预测有突出危险性，执行巷帮边抽边掘联合迎头排放孔措施；若 $S_{max} \geqslant 6.0\text{kg/m}$ 则执行排放钻孔措施。工作面出现煤炮声、顶帮来压、喷孔、顶钻、煤层层理变得紊乱，煤变软、暗淡、无光泽，煤层厚度急剧变大、倾角变陡时，工作面预测有突出危险性，执行排放孔措施。

1.6.6.1　排放钻孔布置

　　当钻屑量 S 值超标时，在迎头布置瓦斯排放钻孔 8 个，终孔控制到巷帮轮廓线外 8m。若煤层厚度大于 3m，则布置两排共 16 个排放钻孔。钻孔施工均采用不小于 ϕ108mm 的合金钻头钻进，螺旋钻杆排渣。

表1-20 瓦斯排放钻孔施工参数(煤层厚度不大于3m)(左偏为正,右偏为负)

孔号	钻孔与巷中夹角/(°)	钻孔倾角	开孔位置距巷中距离/m	开孔位置距巷道底板高度/m	孔深/m
1	16	与巷道煤层倾角一致	1.75	1.5	33
2	11	与巷道煤层倾角一致	1.25	1.5	33
3	7	与巷道煤层倾角一致	0.75	1.5	33
4	2	与巷道煤层倾角一致	0.25	1.5	33
5	-2	与巷道煤层倾角一致	0.25	1.5	33
6	-7	与巷道煤层倾角一致	0.75	1.5	33
7	-11	与巷道煤层倾角一致	1.25	1.5	33
8	-16	与巷道煤层倾角一致	1.75	1.5	33

表1-21 瓦斯排放钻孔施工参数(煤层厚度大于3m)(左偏为正,右偏为负)

孔号		钻孔与巷中夹角/(°)	钻孔倾角	开孔位置距巷中距离/m	开孔位置距巷道底板高度/m	孔深/m
第1排	1	16	与巷道煤层倾角一致	1.75	1.0	33
	2	11	与巷道煤层倾角一致	1.25	1.0	33
	3	7	与巷道煤层倾角一致	0.75	1.0	33
	4	2	与巷道煤层倾角一致	0.25	1.0	33
	5	-2	与巷道煤层倾角一致	0.25	1.0	33
	6	-7	与巷道煤层倾角一致	0.75	1.0	33
	7	-11	与巷道煤层倾角一致	1.25	1.0	33
	8	-16	与巷道煤层倾角一致	1.75	1.0	33
第2排	9	16	与巷道煤层倾角一致	1.75	2.0	33
	10	11	与巷道煤层倾角一致	1.25	2.0	33
	11	7	与巷道煤层倾角一致	0.75	2.0	33
	12	2	与巷道煤层倾角一致	0.25	2.0	33
	13	-2	与巷道煤层倾角一致	0.25	2.0	33
	14	-7	与巷道煤层倾角一致	0.75	2.0	33
	15	-11	与巷道煤层倾角一致	1.25	2.0	33
	16	-16	与巷道煤层倾角一致	1.75	2.0	33

注:当煤层赋存及设计巷道断面发生变化时,钻孔参数应根据工作面具体情况进行调整。

1.6.6.2 边抽边掘钻孔布置

当钻屑瓦斯解吸指标量 K_1 值或钻孔瓦斯涌出初速度 q 值超标时，在迎头布置瓦斯排放钻孔 6 个，终孔控制到巷帮轮廓线外 2m，同时在巷道两帮布置钻场，每个钻场内施工 3 个抽采钻孔，终孔控制到巷帮轮廓线外 10m。迎头排放钻孔布置如表 1 – 22 所示。

表 1 – 22　瓦斯排放钻孔施工参数（边抽边掘）（左偏为正，右偏为负）

孔号	钻孔与巷中夹角/(°)	钻孔倾角	开孔位置距巷中距离/m	开孔位置距巷道底板高度/m	孔深/m
1	5.5	与巷道煤层倾角一致	1.5	1.5	33
2	3.3	与巷道煤层倾角一致	0.9	1.5	33
3	1.1	与巷道煤层倾角一致	0.3	1.5	33
4	−1.1	与巷道煤层倾角一致	0.3	1.5	33
5	−3.3	与巷道煤层倾角一致	0.9	1.5	33
6	−5.5	与巷道煤层倾角一致	1.5	1.5	33

注：当煤层赋存及设计巷道断面发生变化时，钻孔参数应根据工作面具体情况进行调整。

巷帮钻场、钻孔设计采用迈步式布置巷帮钻场，即沿着巷道掘进方向在两帮施工钻场，单帮钻场步距为 50m（中对中）；两帮一边钻场到另一边最近钻场沿巷道掘进方向的距离为 10m（中对中），面向迎头左帮钻场深为 4.5m（倾向），宽为 4m；右帮钻场深为 4.5m（倾向），宽为 4m。−796m 1411(1) 运顺掘进瓦斯参数测定钻孔布置如图 1 – 24 所示。

每个钻场内布置三个钻孔，三花眼布置，采用 SGZ – 150/300 钻机施工，孔径不小于 108mm，孔深不小于 60m（掘进方向投影距），终孔控制到巷道轮廓线外 4 ~ 10m。

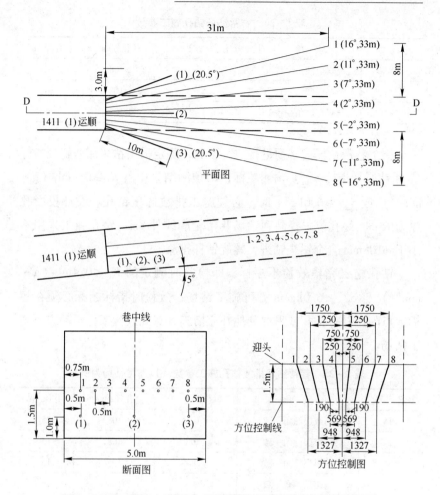

图 1-24 -796m 1411(1) 运顺掘进瓦斯参数测定钻孔布置图

表 1-23 左帮钻场钻孔施工参数（方位角左偏为正，右偏为负）

孔 号	倾角	方位角/(°)	孔径/mm	孔深/m
1	与煤层倾角一致	1	≥108	61
2	与煤层倾角一致	3.5	≥108	61
3	与煤层倾角一致	6.1	≥108	62

表 1-24 右帮钻场钻孔施工参数

孔 号	倾角	方位角/(°)	孔径/mm	孔深/m
1	与煤层倾角一致	-1	≥108	61
2	与煤层倾角一致	-3.5	≥108	61
3	与煤层倾角一致	-6.1	≥108	62

施工巷帮钻场前必须进行防突预测,测定采用钻屑瓦斯解吸指标 K_1 和钻屑量指标 S_{max}。预测超标,即预测结果中若 $K_1 \geq 0.4mL/(g \cdot min^{1/2})$ 或 $S_{max} \geq 6.0kg/m$ 时,必须施工排放卸压钻孔。设计投影孔深为 15m,终孔位置控制到钻场巷帮轮廓线外 8m;钻孔施工采用不小于 $\phi108mm$ 合金钻头钻进,螺旋钻杆排渣。

钻孔施工完毕效检不超标,即检验时测定的 $K_1 < 0.4mL/(g \cdot min^{1/2})$ 且 $S_{max} < 6.0kg/m$ 方可施工钻场;效检时指标超标必须在超标地点附近补打钻孔或采取其他补充措施,直到效检指标不超方可施工钻场。

表 1-25 巷帮钻场排放钻孔施工参数(以左帮钻场为例)

孔 号	倾 角	方位角/(°)	孔径/mm	孔深/m
1	与煤层倾角一致	0	108	15
2	与煤层倾角一致	0	108	15
3	与煤层倾角一致	0	108	15
4	与煤层倾角一致	0	108	15
5	与煤层倾角一致	-5.6	108	16
6	与煤层倾角一致	-14.6	108	16
7	与煤层倾角一致	-23	108	16
8	与煤层倾角一致	-30.4	108	17

1.6.6.3 效检钻孔布置

防突措施执行完后必须进行效果检验,效果检验钻孔采用

ϕ42mm 两翼合金钻头钻进，螺旋钻杆排屑。布置效果检验钻孔 3 个，巷中 1 个，巷道两帮各 1 个。（效验孔开孔位置布置在排放孔之间，左右两孔距巷帮 500mm，终孔位置为巷道轮廓线外 3.0m。）

排放孔施工完毕后进行效果检验，只有在 $K_1 < 0.4mL/(g \cdot min^{1/2})$ 且 $S_{max} < 6.0kg/m$ 后方可进行掘进。掘进时，同时保持不少于 10m 排放钻孔超前距和不少于 2m 效果检验孔超前距。掘进到位后，进行预测，在指标不超标的情况下再施工一次排放钻孔。任何一次排放孔施工后测定时若 $S_{max} \geqslant 6.0kg/m$ 或 $K_1 \geqslant 0.4mL/(g \cdot min^{1/2})$ 必须在测定超标点附近补打钻孔，然后再进行效果检验，直至效检合格方可恢复进尺。

1.6.7 工作面下顺槽掘进期间突出预测验证

1414（1）工作面下顺槽掘进期间突出预测结果如图 1 - 25 所示。在工作面下顺槽掘进期间，前 43 天是在未保护带掘进的，瓦斯解吸初速度指标超标，月掘进速度 35～55m；此后，掘进工作面进入保护区后，预测指标都低于临界值，而且瓦斯涌出平稳，供风量

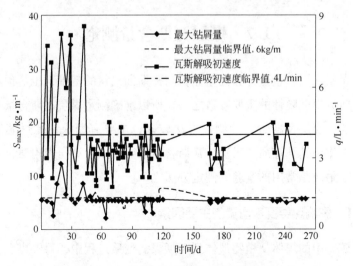

图 1 - 25　工作面下顺槽掘进期间突出预测结果

$200 \sim 300 \text{m}^3/\text{min}$，回风流瓦斯浓度 0.4% ~ 0.75%，无异常显示，月掘进速度超过 150m 以上。

B11 - 2 煤层抽采后预测已无突出危险的论证依据如表 1 - 26 所列，B11 - 2 煤层的瓦斯抽排率、残余瓦斯压力、煤层膨胀变形以及煤巷掘进实际验证等都证明 B11 - 2 煤层的卸压区已无突出危险。

表 1 - 26 B11 - 2 煤层抽采后预测已无突出危险的论证依据

参　数	参数确定方法	结果	规定值	突出危险性
瓦斯抽采率/%	残余瓦斯压力	56.2	>30	无
残余瓦斯压力/MPa	实际测定	0.56	<0.74	无
下顺槽及切眼掘进预测	最大钻屑量/kg · m⁻¹	5.79	<6	无
回风巷掘进期间预测	瓦斯放散初速度	2.9	<4	在卸压瓦斯抽放不充分的局部地点指标超限，但无突出现象发生
	最大钻屑量/kg · m⁻¹	3.2	<6	
	瓦斯解析初速度/L · min⁻¹	27.4	<4	

1.7 煤层瓦斯含量测定

煤层瓦斯含量是计算瓦斯储备与瓦斯涌出量的基础，也是预测煤与瓦斯突出危险性的重要参数之一，所以准确测定煤层瓦斯含量是很重要的。煤层瓦斯含量的测定方法较多，主要有勘探钻孔煤芯解吸法、工作面钻孔煤屑解吸法、瓦斯含量系数法以及高压吸附法，其中高压吸附法是常用的实验室测定方法之一。

1.7.1 影响煤层瓦斯含量的主要因素

矿井中的煤体从植物遗体到无烟煤的变质过程中，每吨煤至少可生成 100m^3 瓦斯。但是，在目前的天然煤层中，最大的瓦斯含量不

超过 $50m^3/t$。其原因则在于：一方面是煤层本身含瓦斯的能力所限；另一方面则是瓦斯是以压力气体存在于煤层中，经过漫长的地质年代，放散了大部分，而目前储存在煤体中的瓦斯仅是剩余的瓦斯量。根据目前的研究成果认为，影响煤层瓦斯含量的主要因素有煤层的埋藏深度、煤层和围岩的透气性、煤层倾角、地质构造。

1.7.1.1 煤层的埋藏深度

众所周知，埋深的增加不仅会因地应力增高而使煤层及围岩的透气性变差，而且瓦斯向地表运移的距离也增长，这二者都有利于封存瓦斯。近年来国内外有关学者的研究表明，当深度不太大时，煤层瓦斯含量随埋深基本上成线性规律增加，当深度达到一定值后，煤层瓦斯含量将趋于常量，并有可能会下降。例如，焦作煤田，煤层瓦斯含量在不受断层与地质构造影响的地段。过去苏联的一些矿区实测瓦斯含量与深度之间的关系证实了上述分析。英国采矿研究院从地面打钻，用直接法测量结果表明，在典型地层中，煤层瓦斯含量随埋深增大而有规律增加；在一般情况下，深度每增加 100m，煤层甲烷含量可增加 $0.5 \sim 1.1m^3/t$。

1.7.1.2 煤层和围岩的透气性

随着工作面的推进，井下煤层经历了由原岩应力状态进入应力升高与应力降低状态的过程，在这个过程中，煤体的透气性也将随之发生变化。为提高现场煤层渗透率，提高瓦斯抽放率和瓦斯抽排效果，采用煤层卸压是一项重要措施，这也是现行的大多数防止煤与瓦斯突出措施如预抽煤层瓦斯、开采保护层和水力冲孔等措施中，为提高煤层瓦斯抽放率和瓦斯排放效果而广泛采用的方法。

在煤层所受压力显著下降的工作面或巷道壁附近，煤层透气性才能显著升高，这一点尤其对开采保护层具有指导意义，即只有充分卸压，才能起到保护作用。现场中煤层的渗透率是变化的，这主要和煤层所受应力的复杂性有关，尤其是采矿工作造成应力重新分布。矿山压力对煤层透气性的影响具体表现为：在煤层卸压区域内透气性增加，在集中应力带内透气性降低。因此，在煤层中抽放瓦斯以及采取有关措施防止煤与瓦斯突出时，应当考虑地应力和煤体渗透率的关系以及煤层渗透率的不同分布情况，这样才能更好地采取有效措施进行瓦斯抽放或防止煤与瓦斯突出。

煤体对瓦斯的吸附对煤的渗透性会产生一定的影响，实验结果表明：对于同一煤样，在相同的条件下，煤吸附气体所呈现的吸附性越强，煤样渗透率越低；而且随着孔隙压力的增大，这种关系越加明显。由于瓦斯在煤体中的运移一般被认为是分子滑流、吸附相瓦斯的表面流动和固体中的扩散的综合效应，煤吸附气体时，气体分子会占据孔道面积，从而使构成渗透的孔截面减小，会使瓦斯压力梯度增大，这是突出的直接原因之一。

在现场要摸清在地应力不变情况下的瓦斯压力和煤层透气性间的关系是十分困难的。首先，煤矿井下地应力是变化的，无法准确地测定；其次是瓦斯压力本身的测定也有一定的困难。只能通过实验室的模拟研究来探讨它们之间的相互关系。在一般情况下，煤层及其围岩的透气性越大，瓦斯越易流失，煤层瓦斯含量就越小；反之，瓦斯易于保存，煤层的瓦斯含量就大。目前的研究表明，煤层与岩层的透气性可在非常宽的范围内变化。表 1-27 列出了我国部分矿井甲烷对煤层及岩石的渗透性系数。

表 1-27　甲烷对煤层及岩石的透气性系数

矿　井	煤　层	透气性系数 /m² · (MPa² · d)⁻¹	岩石种类	透气性系数 /m² · (MPa² · d)⁻¹
抚顺龙凤矿	本层	150	砂岩	20 ~ 92000
包头河滩沟矿	7	11.2 ~ 17.2	砂岩	0.02 ~ 56000
鹤壁六矿	3	1.2 ~ 1.8	灰岩	0.028 ~ 92000
焦作朱村矿	大煤	0.4 ~ 3.6	泥岩	4 ~ 3600

矿 井	煤 层	透气性系数 /$m^2 \cdot (MPa^2 \cdot d)^{-1}$	岩石种类	透气性系数 /$m^2 \cdot (MPa^2 \cdot d)^{-1}$
中梁山矿	K_1	0.32 ~ 1.16	页岩	2 ~ 2300
淮南	B_{11b}	0.023 ~ 0.08	泥岩	1 ~ 1200
淮北	8 号	0.028	泥岩	1 ~ 2600

从中可以看出：可见孔隙与裂缝发育的砂岩、砾岩和灰岩的透气性系数可能非常大，它比致密而裂隙不发育的岩石（如砂页岩、页岩等）的透气性系数高成千上万倍；因而在漫长的地质年代中，会排放大量的瓦斯。现场实践表明，煤层顶底板透气性低的岩层（如泥岩、充填致密的细碎屑岩、裂障不发育的灰岩等）越厚，它们在煤系地层中所占的比例越大，则往往煤层的瓦斯含量越高。例如淮南等地区，其煤系主要岩层均是泥岩、页岩、砂页岩、粉砂岩和致密的灰岩，而且厚度大，横向岩性变化小，围岩的透气性差，封闭瓦斯的条件好，所以煤层瓦斯压力高，瓦斯含量大，这些地区的矿井往往是高瓦斯或有煤与瓦斯突出危险的矿井；反之，当围岩是由厚层中粗砂岩、砾岩或是裂隙溶洞发育的灰岩组成时，煤层瓦斯含量往往较小。

1.7.1.3 煤层倾角

目前认为，在同一埋深及条件相同的情况下，煤层倾角越小，煤层的瓦斯含量就越高。例如芙蓉煤矿北翼煤层倾角陡（40° ~ 80°），相对瓦斯涌出量约20m^3/t，无瓦斯突出现象；反之，南翼煤层倾角缓（6° ~ 12°），相对瓦斯涌出量则高达150m^3/ t，而且还有瓦斯突出现象。发生这种现象的原因主要在于，煤层渗透性一般大于围岩，煤层倾角越小，在顶板岩性密封好的条件下，瓦斯越不容易通过煤层排放，煤体中产生的瓦斯容易得到贮存；故而煤层的瓦斯含量高，瓦斯涌出量大。

1.7.1.4　地质构造

褶曲类型和褶皱复杂程度对瓦斯赋存均有影响。现场实践表明，闭合而完整的背斜或弯窿又覆盖不透气的地层是良好的贮瓦斯构造，在其轴部煤层内往往积存高压瓦斯，形成"气顶"。此外，在倾伏背斜的轴部，通常也比相同埋深的翼部瓦斯含量高。但是，当背斜轴的顶部岩层为透气岩层或因张力形成连通地面的裂隙时，瓦斯会大量流失，这时轴部煤层瓦斯含量反而比翼部小，因此顶板岩性的密封性具有重要的作用。在简单的向斜盆地构造的矿区中，煤层瓦斯排放的条件往往是比较困难的，在这种情况下，煤层瓦斯沿垂直地层方向运移十分困难，大部分瓦斯仅能够沿煤田两翼流向地表，故而瓦斯赋存条件较好；但是，在盆地边缘部分，由于含煤地层暴露面积大，瓦斯易于排放。在深部受浸蚀的褶曲矿区，瓦斯往往更易于排放，其主要原因在于，在这些地区，矿区的大部分范围内的含煤岩系中的瓦斯都流向地表。对于复式褶曲或紧闭褶曲，当盖层封闭条件良好时煤层瓦斯赋存分布往往不均衡和相对富集。

从岩体力学角度来看，褶曲构造属弹塑性变形，可保留一定范围的原始应力状态，在褶曲部位形成相对的高压区和高瓦斯区（简称双高区）。在双高区范围内，不同部位的应力分布和瓦斯分布也不相同：在褶曲的轴部，变形最大，相对而言，能量释放最多，应力缓解，压力降低，形成卸压带和低瓦斯区；由轴部向外，即褶曲轴附近的两翼，应力集中，形成高压带和煤层瓦斯积聚带（高瓦斯区）；由次向外，压力和瓦斯均逐渐降低，形成相对的低压带和低瓦斯区；再向外，则进入正常地带，压力和瓦斯均恢复常值。即双高区比正常区瓦斯高，但其中（轴部）略低，这就形成了瓦斯在褶曲构造中呈驼峰形的曲线分布。

地质构造中的断层不仅破坏了煤层的连续完整性，而且也使煤层瓦斯排放条件发生了变化。有的断层有利于煤层瓦斯的排放，有的断层不利于煤层瓦斯的排放而成为阻挡瓦斯排放的屏障；前者为开放性断层，后者为封闭性断层。倘若该岩层透气性好，则有利于瓦斯的排放，该断层为开放性断层；断层带的特征主要反映在断层面的填充情况、断层的紧闭程度以及断层面裂隙发育情况等。

在围岩透气性较好的开放性地区，构造越复杂、裂隙越发育，则该处通道就越多，排气就越快，保存瓦斯就越少；在围岩透气性较差的封闭形地区，岩层多为屏障层，况且即使有较多的张性断裂存在，往往也不易形成瓦斯排放通道，故而瓦斯容易得到保存。

岩浆侵入含煤岩系、煤层，使煤、岩层产生胀裂及压缩。岩浆的高温烘烤可使煤的变质程度升高。另外，岩浆岩体有时使煤层局部覆盖或封闭。但也有时因岩脉蚀变带裂隙增加，造成风化作用加强，逐渐形成裂隙通道。所以，岩浆侵入煤层对瓦斯赋存既有形成、保存瓦斯的作用，在某些条件下又有使瓦斯逸散的可能。因此，在研究岩浆岩对煤层瓦斯的影响时，要结合地质背景作具体分析。

1.7.2 高压吸附法原理

把从井下采集的新鲜煤样破碎，取 $0.2 \sim 0.25$mm 煤样 80g，装入测定罐。先在 70℃ 条件下，抽真空脱气 2 天，然后在 $0.1 \sim 0.5$MPa 压力与 30℃ 恒温条件下吸附甲烷，测量吸附或解吸的瓦斯量，并换算成标准状态下每吨可燃物吸附的瓦斯量以及吸附常数 a、b，并绘制 30℃ 等温吸附线。

煤层瓦斯含量的测算可通过采集新鲜煤样，先进行工业性分析；然后进行瓦斯含量的测定与计算等步骤来完成。

1.7.2.1 煤样吸附常数 a、b 值的测定

煤的甲烷吸附常数的测定是在安徽理工大学通风安全实验室研制的等温吸附仪上进行的，该实验采用压力法进行测定。实验时煤样经过粉碎后，用 $198 \sim 245\mu$m（$60 \sim 80$ 目）的筛子筛取粒度为 $0.2 \sim$

0.25mm 的煤样，真空干燥后，在恒温30℃下，放入吸附缸中真空脱气，向吸附缸中充入一定体积甲烷，使吸附缸内压力达到平衡，部分气体被吸附，部分气体仍以游离态处于死体积中，已知充入的甲烷体积，扣除死空间的游离体积，即为吸附体体积。重复这样的测定，得到各压力段平衡压力与吸附体积量，连接起来即为吸附等温线，从而求得吸附常数 a、b 值。吸附常数 a、b 值的计算由朗格缪尔方程得出。

$$Q = \frac{abp}{1 + bp} \tag{1-1}$$

$$\frac{p}{Q} = \frac{p}{a} + \frac{1}{ab} \tag{1-2}$$

式中　p——吸附平衡压力，MPa；

　　a，b——朗格缪尔吸附常数：a 为饱和吸附量或极限吸附量，mL/g 或（m^3/t）；b 为吸附常数，MPa^{-1}。

将原始瓦斯压力值（MPa）及煤的工业分析及吸附常数等参数代入式（1-2），可以计算瓦斯含量，计算结果如表1-28所示。

表1-28　煤的工业分析及瓦斯吸附常数

煤　层	工业分析			真密度 /t·m⁻³	视密度 /t·m⁻³	孔隙率 /%	吸附常数	
	水分/%	灰分/%	挥发分/%				a	b
B11-1	2.96	14.32	14.55	1.44	1.36	10.63	19.21	1.298
C13-1	1.51	12.16	12.21	1.39	1.35	9.61	19.65	1.22

1.7.2.2　瓦斯含量的测算结果

利用吸附常数 a、b 值及工业分析结果、煤层瓦斯压力值就可计算煤层瓦斯含量，煤层瓦斯含量包括游离瓦斯含量和吸附瓦斯含量。煤的游离瓦斯含量，按气体状态方程求得：

$$X_y = \frac{VpT_0}{Tp_0\zeta} \tag{1-3}$$

式中 V——单位质量煤的孔隙容积，m^3/t；

  p——瓦斯压力，MPa；

T_0，p_0——标准状况下绝对温度（273K）与压力（0.101325MPa）；

  T——瓦斯绝对温度，K；

  ζ——瓦斯压缩系数；

  X_y——煤的游离瓦斯含量（标准状态下），m^3/t。

按朗格缪尔方程计算并考虑煤中水分、可燃物百分比、温度影响系数，煤的吸附瓦斯量为：

$$X_x = \frac{abp}{1+bp} e^{n(t_0-t)} \frac{1}{1+0.31W} \times \frac{(100-A-W)}{100} \qquad (1-4)$$

式中 a，b——吸附常数；

  p——煤层瓦斯压力，MPa；

  t_0——实验室测定煤的吸附常数时的实验温度，℃；

  t——煤层温度，℃；

  n——系数，$n = \dfrac{0.02}{0.993+0.07p}$；

  A，W——煤中的灰分和水分，%；

  X_x——煤的吸附瓦斯含量（标准状态下），m^3/t。

煤的瓦斯含量等于游离瓦斯与吸附瓦斯的含量之和：

$$X = X_x + Y_y \qquad (1-5)$$

利用以上公式，计算出目标煤层的瓦斯含量，结果见表1-29。

表1-29　瓦斯含量测算结果表

煤　层	见煤标高 /m	瓦斯压力 /MPa	吸附量 /$m^3 \cdot t^{-1}$	游离量 /$m^3 \cdot t^{-1}$	总含量 /$m^3 \cdot t^{-1}$
11-2煤	-796	0.82	7.0481	0.2139	7.2620
13-1煤	-805	0.67	6.0302	0.1489	6.1791

1.8 煤层透气性确定

1.8.1 煤层透气性影响因素

原始煤层的透气性一般是很低的，瓦斯在煤层中的流动速度也很小，每昼夜仅数厘米到几米。煤是一种多孔隙的介质，在一定的压力梯度下，气体或液体可以在煤体内流动。煤的渗透率与流过的流体性质无关，只与煤结构的渗透性有关。

瓦斯在煤中的流动状态取决于孔隙结构，直径在 1.0 ~ 10cm 的中孔构成了瓦斯缓慢流动的层流渗透区；直径在 1.0 ~ 10cm 的大孔隙构成了速度较快的层流渗透区；直径 0.01cm 以至更大的肉眼可见的孔隙和裂痕构成层流及紊流的混合渗透区；这部分孔隙构成了渗透容积，它们在煤中的总孔隙比重越大，其渗透性越好。

根据实验室和现场的测定研究，流动状态属于层流运动，也就是瓦斯的流速和压差成正比，与煤层的渗透率成正比，符合直线渗透定律及达西定律。

原生裂隙是构成煤层渗透率的主要成因，即煤层层理和煤的胶粒结构；次生裂隙即是地质破坏所形成的裂隙。成煤过程中沉积环境和受力条件不完全相同，且在地质变动过程中煤体各部分所受到的揉搓情况不一，因此煤体是非均质的，各个区域的渗透率并不完全相同。

采矿裂隙是采掘工作以后，地压的活动又使部分煤体压缩和伸张，在煤层中形成新的裂隙。煤层的渗透率基本上是由三部分裂隙结构形成的，这使得煤层的透气性系数在煤层中各点相差较大，只能采用综合平均的数值，这才能代表某一区域煤层的透气性系数。

在矿井中的实际测定也表明了在范围不大的区域内，通过各个钻孔测定的综合平均透气性系数彼此是相近的，大多处于同一数量级内。因此在工程计算中采用平均的透气性系数可以近似地把一区域的煤层作为均质物体进行分析计算。

1.8.2 煤层透气性系数测定方法

采掘工作引起的地区活动能使煤层的透气性系数产生很大变化。例如在集中压力带，煤体的透气性系数可降低一半到几分之一，而在卸压带内可增大数千倍。水力压裂、水力冲孔、中压长时间注水等水力化处理煤层瓦斯的措施也都使煤层透气性系数产生强烈的变化。

在已经施工好的测压钻孔进行煤层透气性系数测定，待测压钻孔的瓦斯压力持续稳定后，卸除压力表排放瓦斯，记录卸压力表的时间，1 天后测定钻孔瓦斯流量 Q。

根据公式 $q = Q/(2\pi rL)$ 计算得出煤孔单位面积瓦斯流量（钻孔煤孔长度为 L）；根据在煤层中测定的原始瓦斯压力值 p_0，以及煤层瓦斯含量系数 α、钻孔半径 r、卸压力表后钻孔内自然排放压力 $p_1 = 0.1\text{MPa}$，可采用流量法测算顾（南区）1414（1）工作面 11 – 2 煤层透气性系数（钻孔径向不稳定流动）。

本次测定采用中国矿院法直接测定煤层透气性系数，其计算基础为径向不稳定流动。在煤层的瓦斯压力测定完毕后，卸掉压力表，测定钻孔瓦斯自然涌出量。根据煤层径向流动理论结合瓦斯的原始瓦斯压力、层瓦斯含量计算其透气性系数。计算式如下：

$$A = \frac{q \cdot r_0}{p^2 - p_0^2} \tag{1-6}$$

$$B = \frac{4p^{1.5} \cdot T}{a \cdot r_0^2} \tag{1-7}$$

$$\left.\begin{aligned} F &= B \cdot \lambda \\ Y &= \frac{A}{\lambda} \end{aligned}\right\} \tag{1-8}$$

$$
\left.
\begin{array}{l}
10^{-2} \sim 1 \text{——} \lambda = A^{1.61} \cdot B^{\frac{1}{1.64}} \\[6pt]
1 \sim 10 \text{——} \lambda = A^{1.39} \cdot B^{\frac{1}{2.56}} \\[6pt]
10 \sim 10^2 \text{——} \lambda = 1.1A^{1.25} \cdot B^{\frac{1}{4}} \\[6pt]
10^2 \sim 10^3 \text{——} \lambda = 1.83A^{1.14} \cdot B^{\frac{1}{7.3}} \\[6pt]
10^3 \sim 10^5 \text{——} \lambda = 2.1A^{1.11} \cdot B^{\frac{1}{9}} \\[6pt]
10^5 \sim 10^7 \text{——} \lambda = 3.14A^{1.07} \cdot B^{\frac{1}{4.4}}
\end{array}
\right\}
\tag{1-9}
$$

式中　p——煤层原始绝对瓦斯压力，MPa；

p_0——钻孔中瓦斯压力，一般为 0.1，MPa；

T——从开始排放瓦斯到测量瓦斯流量的时间间隔，d；

a——瓦斯含量系数，$a = W/p^{1/2}$，$\mathrm{m^3/(m^2 \cdot MPa^{1/2})}$；

λ——透气性系数，$\mathrm{m^2/(MPa^2 \cdot d)}$；

r_0——钻孔半径，m；

q——在排放时间为 t 时，钻孔壁单位面积瓦斯流量，$\mathrm{m^3/(m^2 \cdot d)}$；

$$
q = \frac{Q}{2\pi r_0 L} \tag{1-10}
$$

式中　Q——在时间为 T 时的钻孔总流量，$\mathrm{m^3/d}$；

L——钻孔煤长度，通常可取煤层厚度，m。

计算过程为：先计算 A、B，然后选择 F 值，根据相应的公式计算 λ，最后根据 λ、B 计算 F，若 F 值在原选定范围内，则 λ 为其计算的透气性系数，若 F 不符合，则重新选用计算，直至符合为止。

$$
q = \frac{Q}{2\pi r_0 L} = \frac{(0.10 + 1.55) \div 2 \div 1000 \times 1440}{2 \times 3.14 \times 0.0375 \times 45} = 0.119
$$

$$
a = \frac{W}{\sqrt{p}} = \frac{6.48}{\sqrt{1.70}} = 4.97
$$

$$
A = \frac{q \cdot r_0}{(p^2 - p_0^2)} = \frac{0.119 \times 0.0375}{(1.70^2 - 0.1^2)} = 0.0155
$$

$$B = \frac{4p^{1.5} \cdot T}{a \cdot r_0^2} = \frac{4 \times 1.70^{1.5} \times 10}{4.97 \times 0.0375^2} = 0.0251$$

$10^{-2} \sim 1:$
$$\lambda = A^{1.61} B^{\frac{1}{1.64}} = 0.0155^{1.61} \times 0.0251^{\frac{1}{1.64}} = 0.00129$$

$$F = 0.0251 \times 0.00129 = 0.00032 \in 10^{-2} \sim 1$$

所以，选取范围合适。

11-2 煤层钻孔瓦斯衰减系数测定情况以及钻孔瓦斯流量回归变化曲线如图 1-26 所示。

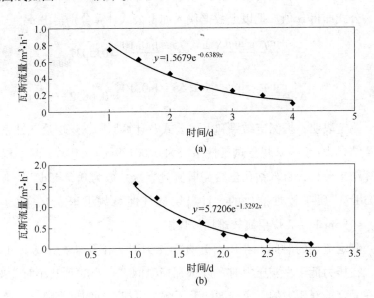

图 1-26 11-2 煤层钻孔自然瓦斯流量衰减趋势图

（a）1 号孔瓦斯流量衰减系数；（b）2 号孔瓦斯流量衰减系数

钻孔瓦斯流量衰减系数的测定与计算方法如下所述。

在工作面顺槽沿走向中部向工作面方向打 2 个深 20m 以上的钻孔进行测定，在不受采动影响条件下，煤层内钻孔的瓦斯流量随时间呈衰减变化的特性系数称钻孔瓦斯流量衰减系数。它可以作为评价煤层预抽瓦斯难易程度的一个指标，其计算公式如下：

$$q_t = q_0 e^{-\alpha t} \qquad (1-11)$$

$$\alpha = \frac{\ln q_0 - \ln q_t}{t} \tag{1-12}$$

式中　q_t——百米钻孔 t 日排放时的瓦斯流量，m^3/min；

　　　q_0——百米钻孔初始时的瓦斯流量，m^3/min；

　　　t——钻孔涌出瓦斯经历时间，d；

　　　α——钻孔瓦斯流量衰减系数，d^{-1}。

选择具有代表性的地区，打钻孔测定 q_0，经过 t 日，再测定 q_1，代入公式即得 α 值。把以上数据代入如上公式计算分别得出 α：

$$\alpha_1 = \frac{\ln q_0 - \ln q_1}{t} = \frac{\ln 0.75 - \ln 0.10}{4} = 0.5037$$

$$\alpha_2 = \frac{\ln q_0 - \ln q_1}{t} = \frac{\ln 1.55 - \ln 0.10}{4} = 0.6852$$

测定表明：据测定结果和上述公式及计算原则，煤层透气性系数计算结果为：11-2 煤层透气性系数为 $0.00129 m^2/(MPa^2 \cdot d)$。根据计算结果分析，百米钻孔自然瓦斯流量衰减系数为 $0.5945 d^{-1}$，大于 $0.05 d^{-1}$，属于较难抽放的，且煤层透气性系数小于 0.1，顾（南区）-796m 11-2 煤层属较难抽放煤层。

测定流量的时间，在压力为真实压力时，排瓦斯在一天以上较好，在压力低于真实压力时，以排瓦斯时间在一小时到几小时为好。如在测定前对压力的真实程度缺乏了解，可按不同时间多测几个流量值，这样可以分析压力的真实性和距钻孔不同距离煤层透气性系数的变化规律。

测定透气性系数的钻孔要注意有无喷孔的现象，应记录喷孔的数量，以便折合计算孔径。值得注意的是喷孔的钻孔孔壁附近煤体发生卸压变形，因而在排瓦斯时间短时，求得的透气性系数偏大，所以在测定时使排瓦斯时间较长，使流动场扩大，减少孔壁卸压区的影响。但在保护层开采后，因煤层普遍卸压，喷孔对钻孔透气性系数的影响则相对减少。

　　在测定流量时，煤层温度相差较大时，可给予校正。在一般情况下，因气体状态引起的误差不大，可以不加校正。

　　瓦斯压力和流量的测定必须尽量准确，如瓦斯压力测定值偏低，则测定的透气性系数将随时间的增长而偏大。在已知压力偏低的测压水平，计算透气性系数可仍用压力表的压力值，但排瓦斯时间要短，并多测几个数进行校对。如钻孔壁有较大的卸压圈，则测定的透气性系数将随时间增长而降低。在封孔测压上压力表之前，测定的瓦斯流量 Q_0、t_0 可用于在测定煤层透气性系数之后，反求煤层原始瓦斯压力 p_0，但测定透气性系数的排瓦斯时间 t 应和 t_0 相近。

2　煤与瓦斯突出参数与危险性分析

目前，煤矿使用的煤与瓦斯突出预测指标多达上百种，但是真正具有可靠性并在煤矿中得到应用的仅仅是很少一部分。我国使用的煤与瓦斯突出预测指标主要有钻屑瓦斯解吸指标 $K_1(\Delta h_2)$、钻孔瓦斯涌出初速度指标 q、钻屑量指标 S，另外还有由单项指标组合而成的综合指标 R，其他证实有效的指标主要包括钻屑温度、煤体温度、放炮后瓦斯涌出量等，这些指标只是在少数的矿井预测中得到应用。

绝大多数突出矿井都是采用钻屑瓦斯解吸指标 $K_1(\Delta h_2)$、钻孔瓦斯涌出初速度 q 和钻屑量 S 或者其中的一种或两种指标来预测煤层是否有突出危险性。由于矿井地质条件的差异，各种预测指标对不同矿井可能有不同的敏感性，即当某一指标很大时，考察区域没有突出危险性，而某一指标很小时，考察区域却发生了突出。这就需要确定同一指标对不同区域危险性的敏感程度。

2.1　煤与瓦斯突出预测敏感指标的无量纲化与标准

钻屑瓦斯解吸指标 $K_1(\Delta h_2)$、钻孔瓦斯涌出初速度 q 和钻屑量 S 三种预测指标有不同的单位，因此，可对单位不同的各项指标进行无量纲化，以便于比较分析，无量纲化可用下式进行处理：

$$X'_i = \frac{X_i - \overline{X}}{C} \quad (i = 1, 2, 3, \cdots, n) \tag{2-1}$$

式中　X_i——原始数据；

$\overline{X}$——原始数据的平均值;

C——原始数据的标准差。

$$C = \sqrt{\frac{1}{n} \sum_{i=1}^{n} (X_i - \overline{X})^2}$$

无量纲化标准化即是把无量纲数据压缩在区间 [0, 1] 内, 可选用下面的极值标准化公式进行:

$$X_i'' = \frac{X_i' - X_{\min}'}{X_{\max}' - X_{\min}'} \qquad (i = 1, 2, 3, \cdots, n) \qquad (2-2)$$

显然, $X_i' = X_{\max}'$ 时, $X_i'' = 1$, $X_i' = X_{\min}'$ 时 $X_i'' = 0$; 这样就把标准化后的数据压缩在了区间 [0, 1] 之内。经过上述两步变化, 带有不同单位的突出预测指标 $K_1(\Delta h_2)$、q、S 都变成了在区间 [0, 1] 内变化的无量纲量。

2.2 建立煤与瓦斯突出预测敏感指标的敏感度函数

2.2.1 建立各离散指标与其数学期望的函数表达式

在没有找到适合淮南矿区实际情况的预测指标临界值时, 通常都参照《防治煤与瓦斯突出细则》提供的临界值。此处设 K_{1qe} (Δh_{2qe})、q_{qe}、S_{qe} 为各个预测指标的离散变量所对应的数学期望。由式 (2-1) 可以将 $K_1(\Delta h_2)$、q、S 转化成无量纲的量, 得出:

$$K_{1i}' = \frac{K_{1i} - \overline{K_1}}{C} \qquad (i = 1, 2, 3, \cdots, n) \qquad (2-3)$$

式中　K_{1i}——预测指标 K_1 的原始数据;

$\overline{K_1}$——预测指标 K_1 原始数据的平均值;

C——预测指标 K_1 的标准差。

$$C = \sqrt{\frac{1}{n} \sum_{i=1}^{n} (K_{1i} - \overline{K_1})^2}$$

同理可以得出：

$$q_i' = \frac{q_i - \bar{q}}{C} \qquad (2-4)$$

$$S_i' = \frac{S_i - \bar{S}}{C} \qquad (2-5)$$

根据式（2-2）可以把转化成无量纲量的 $K_1(\Delta h_2)$、q、S 压缩在区间 [0, 1] 之内，由此得出：

$$K_{1i}'' = \frac{K_{1i}' - K_{1min}'}{K_{1max}' - K_{1min}'} \qquad (2-6)$$

$$q_i'' = \frac{q_i' - q_{min}'}{q_{max}' - q_{min}'} \qquad (2-7)$$

$$S_i'' = \frac{S_i' - S_{min}'}{S_{max}' - S_{min}'} \qquad (2-8)$$

把 $K_{1qe}(\Delta h_{2qe})$、q_{qe}、S_{qe} 所对应的、经过标准化和压缩之后的值定义为 $E(K_{1qe})$（或 $E(\Delta h_{2qe})$），$E(q_{qe})$，$E(S_{qe})$，其表达式如下：

$$E(K_{1qe}) = \frac{K_{1qe}' - K_{1min}'}{K_{1max}' - K_{1min}'} \qquad (2-9)$$

$$E(q_{qe}) = \frac{q_{qe}' - q_{min}'}{q_{max}' - q_{min}'} \qquad (2-10)$$

$$E(S_{qe}) = \frac{S_{qe}' - S_{min}'}{S_{max}' - S_{min}'} \qquad (2-11)$$

2.2.2 确定预测指标的敏感度函数

数理统计中"偏差"反映的是各离散指标与其对应的数学期望的偏离程度，在预测指标问题分析中反映的各预测指标与其相应的数学期望间的离散程度，由于"偏差"有正、负之分，每个指标"偏差"的平方和的平均值便能从总体上反映出该指标的离散程度，把这个描述指标定义为 $D(X)$，因此有：

$$D(X) = \frac{\sum_{i=1}^{n} (X_i - E(X))^2}{n} \qquad (2-12)$$

定义指标的灵敏度函数为 $M(i)$，令 $M(i) = \sqrt{D(X)}$，则有下列关系式成立：

$$M(i) = \sqrt{\frac{\sum\limits_{i=1}^{n} (X_i - E(X))^2}{n}} \qquad (2-13)$$

由式（2-1）~式（2-13）便能得出预测指标 K_1（Δh_2）、q、S 的灵敏度函数 $M_1(i)$、$M_2(i)$、$M_3(i)$，其表达式如下：

$$M_1(i) = \sqrt{\frac{\sum\limits_{i=1}^{n} (K''_{1i} - E(K_{1qe}))^2}{n}} \qquad (2-14)$$

$$M_2(i) = \sqrt{\frac{\sum\limits_{i=1}^{n} (q''_i - E(q_{qe}))^2}{n}} \qquad (2-15)$$

$$M_3(i) = \sqrt{\frac{\sum\limits_{i=1}^{n} (S''_i - E(S_{qe}))^2}{n}} \qquad (2-16)$$

将不同矿井的预测指标代入上述公式中，分别求出 $M_1(i)$、$M_2(i)$、$M_3(i)$ 的大小，值越大则其对应的指标越敏感，反之则越不敏感。

2.3 确定敏感指标、临界值的程序

在进行日常预测时，敏感指标、临界值应根据不同情况进行判断确定。此时，可能会出现下列五种情况，即：

（1）预测未超过《防治煤与瓦斯突出细则》规定的临界值不突出（简称未超限不突出），或虽超过《防治煤与瓦斯突出细则》规定的临界值，但采取防突措施后不突出（简称超限采取措施后不突出）。从实测资料看，绝大多数属于这种情况，可适当提高指标临界值，反复进行试验，直到发生突出，打预测钻孔喷孔或出现明显突出

预兆，也可以判断出临界值。

（2）未超过《防治煤与瓦斯突出细则》规定的临界值发生了突出（简称未超限突出）则应降低指标临界值或选用其他指标。

（3）超过《防治煤与瓦斯突出细则》规定的临界值，未采用防突措施不突出（简称超限不突出），则应提高指标临界值。

（4）超过《防治煤与瓦斯突出细则》规定的临界值，未采用防突措施发生了突出（简称超限突出），取最小的实测值即为新的临界值。

（5）超过《防治煤与瓦斯突出细则》规定的临界值，采用防突措施后发生了突出（简称超限采取措施后突出），则以效果检验的最小实测值作为临界值。若此值过低，应选用其他指标检验。其程序如图 2 - 1 所示。

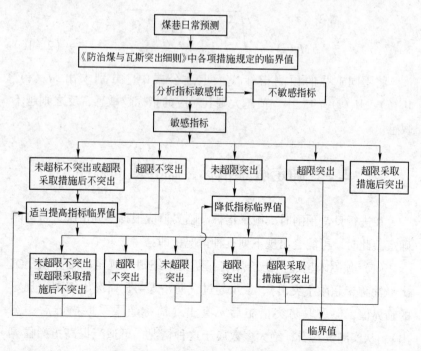

图 2 - 1 确定敏感指标、临界值的程序

2.4 目标煤层瓦斯突出参数测试

2.4.1 煤体坚固性系数 f 值的测定

煤的坚固性系数是煤粒本身力学强度的一种相对指标，其数值的大小也是煤层物理学性质的重要反映。其值越大，煤在外力的作用下越不容易破碎。在现代的煤与瓦斯突出动力现象分析中，煤的坚固性系数是煤与瓦斯突出现象所涉及的重要参数之一。

2.4.1.1 煤的坚固性系数测定原理

目前，煤的坚固性系数测定主要采用落锤法。落锤法测定煤体的坚固性系数，是以"脆性材料破碎遵循面积力能说"为基础，通常认为煤是属于脆性固体物质，即认为"破碎所消耗的功（A）与破碎所增加的表面积（S）的 n 次方成正比"，试验表明，n 一般为 1。以单位质量物料增加的表面积而论，则表面积与粒子的直径 D 成反比。

$$S \propto \frac{D^2}{D^3} = \frac{1}{D} \qquad (2-17)$$

设 D_b 与 D_a 分别表示物料破碎前后的平均尺寸，则面积就可以用下式表示：

$$A = K\left(\frac{1}{D_a} - \frac{1}{D_b}\right) \qquad (2-18)$$

式中　K——比例常数，与物料的强度（坚韧性）有关。

式（2-18）可改写为：

$$K = \frac{AD_b}{i-1} \qquad (2-19)$$

式中　i——破碎比，$i = \frac{D_b}{D_a}$，$i > 1$。

从式（2-19）可知，当破碎功 A 与破碎前的物料平均直径为一定值时，与物料坚固性有关的常数 K 与破碎比有关，即破碎比 i 越大，K 值越大，反之亦然。这样，物料的坚固性可用破碎比来表示。

在进行预测煤与瓦斯突出的过程中，经常需要测定这一参数，采用落锤破碎法的优点是简单易行，能够迅速测出煤样的相对坚固性系数。煤的力学强度越强，抵抗外力破坏的能力就越大，就难以发生瓦斯突出现象。

2.4.1.2 仪器设备及用具

捣碎筒，计量筒，分样筛（孔径 20mm、30mm、0.5mm 各一个），天平（最大称量 1000g，感量 0.5g），小锤、漏斗、容器。仪器设备结构如图 2 - 2 所示，适合粒径为 2 ~ 3mm 煤样，在压强为 1MPa 的条件下，取直径 20mm、压缩长度 L 为 60mm 煤样的相对强度，根据 L 与 f 值的实验关系得出关系式 $f = 7.0654e^{-0.2021L}$。

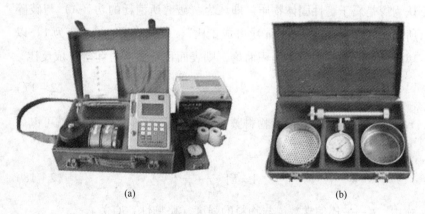

(a)　　　　　　　　　　　(b)

图 2 - 2　FMJ - 1 煤坚固性系数测定仪

2.4.1.3 采样与制样

沿新暴露的煤层厚度的上、中、下部各采取块度为 10cm 左右的煤样两块，在地面打钻取样时应沿煤层厚度的上、中、下部各采取块度为 10cm 的煤芯两块。煤样采出后应及时用纸包上并浸蜡封固（或用塑料袋包严），以免风化；煤样要附有标签，注明采样地点、层位、时间等；在煤样携带、运送过程中应注意不得摔碰。

将捣碎筒放置在水泥地板或 2cm 厚的铁板上，放入试样一份，将 2.4kg 重锤提高到 600mm 高度，使其自由落下冲击试样，每份冲击 3 次，把 5 份捣碎后的试样装在同一容器中，把每组（5 份）捣碎后的试样一起倒入孔径 0.5mm 分样筛中筛分，筛至不再漏下煤粉为止；把筛下的粉末用漏斗装入计量筒内，轻轻敲打使之密实，然后轻轻插入具有刻度的活塞尺与筒内粉末面接触。在计量筒口相平处读取数 L（即粉末在计量筒内实际测量高度，读至 mm）。

把煤样用小锤碎成 20 ~ 30mm 的小块，用孔径为 20mm 或 30mm 的筛子筛选；称取制备好的式样 50g 为一份，每 5 份一组，共称取三组。

当 $L > 30$mm 时，冲击次数 n，即可定为 3 次，按以上步骤继续进行其他各组的测定。

当 $L < 30$mm 时，第一组式样作废，每份式样冲击次数 n 改为 5 次，按以上步骤进行冲击、筛分和测量，仍以 5 份作一组，测定煤粉高度 L。

2.4.1.4　坚固性系数计算

坚固性系数按下式计算：

$$f = 20n/L \qquad (2-20)$$

式中　f——坚固性系数；

　　　n——每份式样冲击次数，次；

　　　L——每组式样筛下煤粉的计量高度，mm；测定平行样 3 组
　　　　　（每组 5 份），取算术平均值，计算结果取一位小数。

2.4.1.5　软煤坚固性系数的确定

如果取得的煤样粒度达不到测定 f 值所要求粒度（20 ~ 30mm），

可采用粒度为 1~3mm 的煤样按上述要求进行测定,并按下式换算:

当 $f_{(1~3)} > 0.25$ 时,$f = 1.57f_{(1~3)} - 0.14$

当 $f \leqslant 0.25$ 时,$f = f_{(1~3)}$

式中 $f_{(1~3)}$——粒度为 1~3mm 时煤样的坚固性系数。

2.4.1.6 测定结果

通过测定,目标矿井试验区煤层的坚固性系数 f 值如表 2-1 所示。

表 2-1 顾(南区)试验区煤的坚固性系数 f 值

煤 层	煤样地点	煤的坚固性系数 f	破坏类型
11-2 煤	1411(1)轨顺	0.53~0.82	III
13-1 煤	1113(3)运顺	0.292	III

2.4.2 煤层煤样瓦斯放散初速度 Δp 的测定

煤的瓦斯放散初速度 Δp 也是预测煤与瓦斯突出危险性的指标之一,该指标反映了含瓦斯煤体放散瓦斯快慢的程度。Δp 的大小与煤的瓦斯含量大小、孔隙结构和孔隙表面性质等有关。在煤与瓦斯突出的发展过程中,瓦斯的运动和破坏力在很大程度上取决于含瓦斯煤体在破坏时瓦斯的解吸与放散能力。

2.4.2.1 WT-1 型瓦斯扩散速度测试仪简介

WT-1 型瓦斯扩散速度测试仪是老式瓦斯扩散速度测试仪的更新换代产品,主要用于煤与瓦斯突出危险性预测中测定煤质指标——瓦斯放散初速度 Δp;考察研究煤的瓦斯放散特性,连续测定 0.1MPa(1 个大气压)下吸附后 0~60s 的瓦斯扩散速度 ΔD。

采用美国传感器,完全实现计算机监测控制,整个测试过程只需根据计算机界面提示按动相应键就可完成;消除了人为因素对实验结果带来的误差；测试后的结果自动存储，并以曲线报表的形式打印输出。WT-1 型瓦斯扩散速度测试仪主要技术指标包括：Δp 指标（测量范围：全范围；测定误差：$\leqslant 90\text{Pa}$）；ΔD 指标（测量范围：全范围；测定误差：$\leqslant 0.9\text{mL/min}$）。

2.4.2.2　WT-1 型瓦斯扩散速度测试仪原理

本书所述研究所用的测试系统如图 2-3 所示。

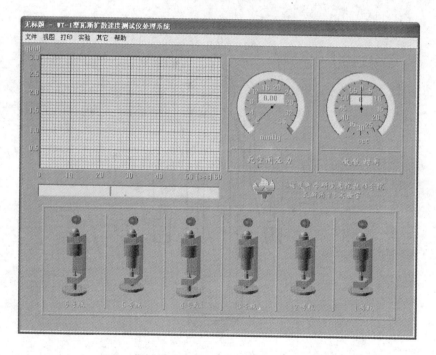

图 2-3　WT-1 型瓦斯扩散速度测试仪敏感指标值系统测试主界面

A　测试原理

在煤与瓦斯突出发生、发展过程中，就煤质自身而言，人们公认的观点只有两个因素：一是煤的强度。强度越大越不容易破坏，对突出发展的阻力就越大，突出的危险性就越小；相反，煤的强度越小越容易破坏，其阻力就越小，破碎所需的能量就越小，突出危险性也就越大。二是煤的放散瓦斯能力，在突出的最初一段时间内煤中所含的瓦斯放散出得越多，在突出过程中就容易形成携带煤体运动的瓦斯流，其突出危险性也就越大；相反，如煤中含有大量瓦斯，但在短时间内放出的量很小，那么这种煤虽含有大量瓦斯，但不易形成瓦斯流，其突出危险性就越小。瓦斯放散指数 Δp 测定仪原理如图 2-4 所示。

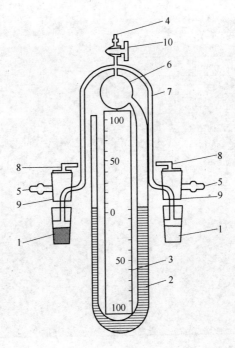

图 2-4　瓦斯放散指数 Δp 测定仪原理示意图

1—玻璃杯；2—水银压力计；3—标尺；4，5—管口；6—玻璃球形腔；

7—玻璃管；8—玻璃塞；9—套管；10—开关

该仪器就是测定上述煤质自身的第二个因素——煤的放散瓦斯能力：煤的放散初速度 Δp；煤样在 1min 内的瓦斯扩散速度 ΔD。煤的瓦斯放散初速度 Δp，是指在 0.1MPa（1 个大气压）下吸附后，用

mmHg 表示的 45~60s 的瓦斯放散量 p_2 与 0~10s 内放散量 p_1 的差值。煤样在 1min 内的瓦斯放散速度 ΔD，是在 0.1MPa（1 个大气压）下的吸附后，在 0~60s 各段时间上煤样放散出的瓦斯累计量。

B　试样制备

在井下采新鲜暴露面的煤样 250g，地面打钻取样时取新鲜煤芯 250g。将所采煤样粉碎混合后，将粒度符合标准粒度 0.2~0.25mm 的煤样仔细均匀混合后，称出煤样，每一煤样取 2 个试样，每份重 3.5g。

旋下仪器的煤样瓶下部的紧固螺栓，将煤样装入。为防止脱气和充气时的煤尘飞入仪器内部，必须在煤样上放一个小棉团。装上煤样瓶后先用手扶正，再旋紧紧固螺栓。

C　测定步骤

（1）把 2 个试样用漏斗分别装入 Δp 测定仪的 2 个试样瓶中；

（2）启动真空泵对试样脱气 1.5h；

（3）脱气 1.5h 后关闭真空泵，将甲烷瓶与试样瓶连接，充气（充气压力 0.1MPa）使煤样吸附瓦斯 1.5h；

（4）关闭试样瓶和甲烷瓶阀门，使试样瓶与甲烷瓶隔离；

（5）开动真空泵对仪器管道死空间进行脱气，使 U 形管汞真空计两端汞面相平；

（6）停止真空泵，关闭仪器死空间通往真空泵的阀门，打开试样瓶的阀门，使煤样瓶与仪器被抽空的死空间相连并同时启动秒表计时，10s 时关闭阀门，读出汞柱计两端汞柱差 p_1(mm)，45s 时再打开阀门，60s 时关闭阀门，再一次读出汞柱计两端差 p_2(mm)。

2.4.2.3　测定结果

顾（南区）煤样的瓦斯放散初速度 Δp 的测定结果汇总如表 2-2 所示。

表 2 - 2　顾（南区）煤的瓦斯放散初速度 Δp

煤　层	煤样地点	瓦斯放散初速度 Δp
11 - 2 煤	1411（1）轨顺	5.86
13 - 1 煤	1113（3）运顺	4.82

2.5　试验目标煤层突出危险性分析

2.5.1　目标煤层突出危险区域预测方法

为预防和治理煤与瓦斯突出，尽量避免煤与瓦斯突出给国家和人民造成损害，突出煤层在采掘前必须进行突出危险性预测，若发现有突出危险，必须采取防突措施排除危险，确认无突出危险性后方可进行采掘。从突出预测的范围和时间来分，大致可分为两类：工作面预测和区域预测。区域突出危险性预测一般在地质勘探、新井建设、新水平和采取开拓时进行，其预测方法有以下几种：单项指标法、综合指标法等。

2.5.1.1　单项指标法

预测煤层突出危险性的单项指标可用煤的破坏类型、瓦斯放散初速度指标（Δp）、煤的坚固性系数（f）和煤层瓦斯压力（p）等，采用该法预测时，各种指标的突出危险临界值应根据矿区实测资料确定，无实测资料时可参考表 2 - 3，只有当全部指标达到或超过其临界值时才可视该煤层为突出危险煤层。

表 2 - 3　预测煤层突出危险性单项指标

煤层突出 危险性	煤的破坏 类型	瓦斯放散 初速度 Δp	煤的坚固性 系数 f	煤层瓦斯 压力 p/MPa
突出危险	Ⅲ、Ⅳ、Ⅴ	≥10	≤0.5	≥0.74
无突出危险	Ⅰ、Ⅱ	<10	>0.5	<0.74

A 煤的破坏类型

煤的破坏类型是指煤体结构受构造应力作用后的煤体破坏程度，根据其破坏程度，一般分为五类：I为非破坏煤，层状或块状结构，条带清晰明显；II为破坏煤，尚未失去层状，较有次序，条带明显，有时扭曲；III为强烈破坏煤，层理紊乱、无序，弯曲或小片状结构；IV为粉碎煤，节理失去意义，成黏块状；V为全粉煤，土状构造，质地疏松。

B 瓦斯放散初速度（Δp）

瓦斯放散初速度（Δp）是衡量含瓦斯煤体暴露时放散瓦斯（从吸附转化为游离状态）快慢的一个指标。煤放散瓦斯的性能是由煤的物理力学性质决定的，在瓦斯含量相同的条件下，煤的放散初速度越大，煤的破坏程度越严重，越有利于突出的发生和发展。

C 煤的坚固性系数 f

煤的坚固性系数 f 值是标志煤抵抗外力破坏能力的一个重要指标，它是由煤的物理力学性质决定的，当煤体强度越大，f 值就越大，发生煤与瓦斯突出时所遇到的阻力也就越大，故发生突出的潜在可能性也就越小。测定方法采用落锤法，根据煤样经过重锤多次捣碎后的破坏程度确定 f 值的大小。

2.5.1.2 综合指标 K 与 D 法

综合指标 K 与 D 法充分考虑了煤层开采深度、瓦斯压力和煤的物理力学特性对煤与瓦斯突出的影响，其计算公式如下：

$$D = (0.0075H/f - 3)(p - 0.74) \qquad (2-21)$$

$$K = \Delta p/f \qquad (2-22)$$

式中　D，K——煤层突出危险性综合指标；

　　　　H——开采深度，m；

　　　　p——煤层瓦斯压力，MPa；

　　　　Δp——软分层煤的瓦斯放散初速度指标；

　　　　f——软分层煤的平均坚固性系数。

根据《防治煤与瓦斯突出细则》，判断煤与瓦斯突出危险性的综合指标临界值可参考表2－4。

表 2－4　用综合指标 K 和 D 预测煤层区域突出危险性的临界值

煤层突出危险性综合指标 D	煤层突出危险性综合指标 K	区域突出危险性
<0.25		突出威胁
≥0.25	<15	
≥0.25	≥15	突出危险

注：1. 若计算值都为负时，则不论 D 值大小，都为突出威胁区域；
　　2. 地质勘探或新井建设时期进行煤层突出危险倾向性预测时，突出威胁视为无突出危险煤层。

2.5.2　试验区目标煤层突出危险性分析

2.5.2.1　单项指标法分析结果

采用单项指标法和综合指标法对目标煤层煤与瓦斯突出危险性进行预测。单项指标法包括煤的破坏类型、瓦斯放散初速度 Δp、煤的坚固性系数 f、煤层瓦斯压力 p 等指标。判断煤层突出危险性的临界值如表2－3所示。只有全部指标达到或超过临界值方可划为突出危险性煤层。

从表2－2参数实测结果可以看出：顾（南区）－796m 下 11－2 煤层瓦斯基本参数中，虽然煤的坚固性系数 f、煤的破坏类型及瓦斯放散初速度 Δp 都未达到突出临界值，但煤层瓦斯压力实测结果达到突出临界值（见表1－15）；故认定－796m 下 11－2 煤层为突出危险区域。

2.5.2.2　综合指标法分析结果

目标煤层瓦斯压力 p 最大测定值为 0.75MPa，测点深度为 393m，本次测得 11－2 煤层的瓦斯放散初速度 Δp 最大值为 5.68、煤的坚固性系数 f 最小值为 0.4743，将以上参数值代入式（2－21）和式（2－

22），得到综合指标 $D = -1.896$、$K = 11.028$；对照表 2 - 4 所列临界值，可知 $D = -1.896 < 0.25$、$K = 11.028 < 15$；因此，11 - 2 煤层可以按突出危险区域认定。

2.5.3 目标煤层瓦斯特性试验分析

为了解试验矿井目标煤层瓦斯放散特征和为采掘工作面（井巷揭煤）瓦斯突出预测敏感指标及初步临界值的确定提供实验数据，通过采集目标煤层煤样，在实验室进行了瓦斯解吸指标 K_1 与瓦斯压力关系分析。

测试了顾（南区）11 - 2、13 - 1 煤层钻屑瓦斯解吸指标 K_1 与平衡瓦斯压力的关系，测试结果如图 2 - 5 和图 2 - 6 所示。

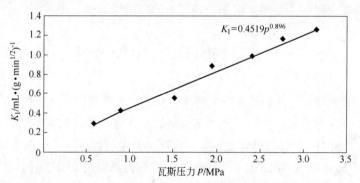

图 2 - 5　11 - 2 煤层 1411（1）采区煤层 K_1—p 关系散点图

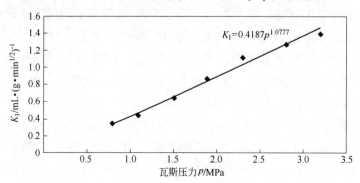

图 2 - 6　13 - 1 煤层 1113（3）运顺煤层 K_1—p 关系散点图

3 试验矿区目标煤层瓦斯突出 危险性跟踪考察

试验区深部煤层在成煤过程中，受地质构造的作用，小断层发育，煤层压顶、断底普遍，导致煤层结构发生变化。由于 13 - 1 煤层顶、底板岩层含水，伴随煤层压顶、断底过程，水渗入煤层，导致煤层水分、灰分变化较大，煤层瓦斯分布不均匀。因此，准确测定煤层瓦斯突出指标，是煤矿综合治理瓦斯的基础性工作。

3.1 试验目标区工程考察

针对不同工作面的瓦斯、地质、开采技术等条件，直接测定 13 - 1 和 11 - 2 煤层瓦斯含量以及防突预测敏感指标，最终制定出试验区的 13 - 1 和 11 - 2 煤层瓦斯敏感指标直接法测定与评价方法的标准体系。截至 2009 年 10 月 25 日，-796m 11 - 2 煤西翼回风上山已施工至起坡点，距待揭 11 - 2 煤层 96.0m。预计煤层瓦斯压力为 0.4MPa（进风井 11 - 2 煤层压力为 0.38 MPa。）-796m 11 - 2 煤西翼回风上山附近有 -796m 西翼回风石门正在掘进，为岩巷掘进工作面。地层岩性主要为 11 - 2 煤层、砂质泥岩、泥岩、粉细砂岩、细砂岩。其中煤层、泥岩及砂质泥岩局部较碎，裂隙发育，稳定性差。主要标志层是 11 - 2 煤层下部普遍有鲕状泥岩，11 - 2 煤层顶板富含植物化石。

地质构造条件复杂，特别是断层发育，巷道位于 F114、FD16、S111 等断层组成的夹块内，该巷道揭穿 11 - 2 煤层前须穿过 F114（$\angle 50° \sim 75°$ $H = 34 \sim 64$m）断层。

根据《顾桥井田精查地质报告》及进风井瓦斯情况，11 - 2 煤层

瓦斯含量预计为 $5.6m^3/t$。根据进风井井筒揭 11 - 2 煤层资料，该煤层突出危险性指标分别为 $p = 1.38MPa$，$f = 0.4 \sim 0.59$，$\Delta p = 4 \sim 5.14$，$K = 6.88 \sim 12.85$，$D = -2.75 \sim -4.85$，预计揭煤时，巷道最大绝对瓦斯涌出量为 $3.0m^3/min$。

本掘进段施工主要充水因素为 11 - 2 煤层顶板砂岩裂隙水及断层水，砂岩裂隙较发育，但主要以静储量为主，随时间推移，逐渐衰减。预计巷道掘进时正常涌水量 $3m^3/h$，最大涌水量 $10m^3/h$。

当 -796m 11 - 2 煤西翼回风上山施工至距 11 - 2 煤层最短距离 20m 时，施工 2 个全孔取芯的前探钻孔，兼作测压钻孔和预测钻孔，并封孔测定瓦斯压力。

如预测有突出危险性，在 -796m 11 - 2 煤西翼回风上山向前掘进至距 11 - 2 煤层最短距离 5m 处停头，施工卸压排放钻孔作为防突措施（瓦斯压力达到 2MPa 或有瓦斯动力现象时进行抽采）。实施防突措施后，再进行防突措施效果检验。若检验无效，采取增加排放（抽采）时间、增加钻孔等补充措施，直到措施效果检验有效。

如预测无突出危险性，巷道掘进至距 11 - 2 煤层底板法距 3m 处时，采取安全防护措施，执行远距离放炮揭开 11 - 2 煤层。远距离爆破范围为巷道距 11 - 2 煤层法距 3m 至巷道见 11 - 2 煤层顶板止。

3.2 考察目标与考察指标

以顾（南区）及潘一矿的部分突出煤层为考察对象，对各煤层突出特征、预测指标敏感性及其初步临界值进行较系统的考察，具体考察对象及考察部分指标如表 3 - 1、表 3 - 2 所示。

表 3 - 1 试验矿区目标煤层瓦斯突出危险性跟踪考察对象

矿井名称	考察地点	煤层编号	跟踪考察指标	新增考察指标
顾（南区）	采掘顺槽、联巷、工作面	11 - 2	S、K_1	Δh_2、q
		13 - 1	S、K_1	Δh_2、q
			S、K_1	Δh_2、q
	石门揭煤工作面、回风上山	目标煤层	D、K、$p_{残}$、Δp、f	

表 3-2 顾（南区）现场跟踪考察工作量汇总表

	跟踪考察地点	跟踪长度/m	预测/效检指标跟踪考察工作量								煤厚/m	其他相关参数				
			K_1		S		q		Δh_2			f	Δp	K	D	p/MPa
			循环次数	有效数据	循环次数	有效数据	循环次数	有效数据	循环次数	有效数据						
煤层	-796m 11-2 西翼回风上山1	230.2	47	162	54	340	13	42	6	234		0.582	2	7.89	0	1.45
	-796m 11-2 西翼回风上山2	343.1	38	290	52	423	4	12	23	321		0.534	4	8.29	0	0.75
	1411(1)轨顺	205.0	63	165	121	453	32	32	9	45	1.5	0.643	5.63	4.21~11.4	0	2
	1321(1)运顺	130.2	27	132	34	40	13	22	6	234	2.5	0.6	3	5.89	0	1.25
	1141(1)运顺	113.1	28	230	32	43	4	22	23	321	1.7	0.5	2	5.29	0	0.85
	1141(1)轨顺	105.0	23	135	31	53	0	22	9	45	1.6	0.65	5	4.21~9.4	0	3
	1252(1)运顺	110.2	27	132	34	40	13	32	6	234	1.8	0.56	7	5.89	0	1.6
	1422(1)运顺	113.1	28	230	32	23	4	32	23	321	1.7	0.57	8	6.29	0	0.8
	1262(10)切眼	95.0	32	135	21	53	23	34	9	45	1.8	0.64	6	3.21~8.4	0	2.5

3.3 预测指标结果分析

顾（南区）采掘深度较深，下山采区已经超过 -800m，矿山压力显现较为明显，故将与地应力密切相关的钻屑量预测指标 S 作为主要预测指标和重点跟踪考察对象。

（1）-796m $11-2$ 西翼回风上山（一）。对于 -796m $11-2$ 西翼回风上山（一）而言，钻屑量 S 指标的一般测值不大，每次循环预测最大值的平均值为 4.9kg/m，最大值为 17.8kg/m；对应 K_1 最大值为 0.198，平均值为 0.064；Δh_2 最大值为 90Pa，平均值为 27Pa。各指标预测值如图 $3-1$、图 $3-2$ 所示。

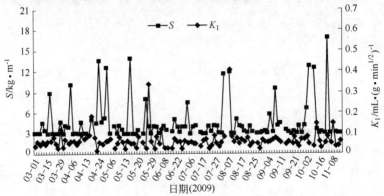

图 3-1 -796m $11-2$ 西翼回风上山（一）S、K_1 指标预测值

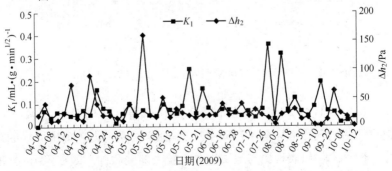

图 3-2 -796m $11-2$ 西翼回风上山（一）Δh_2、K_1 指标预测值

(2) –796m 11 –2 西翼回风上山（二）。在 –796m 11 –2 西翼回风上山（二）预测过程中，钻屑量 S 指标的一般测值较大，每次循环预测最大值的平均值为 5.8kg/m，最大值为 18.5kg/m；对应 K_1 最大值为 0.38，平均值为 0.356；Δh_2 最大值为 200Pa，平均为 28Pa。各指标预测值如图 3 –3、图 3 –4 所示。

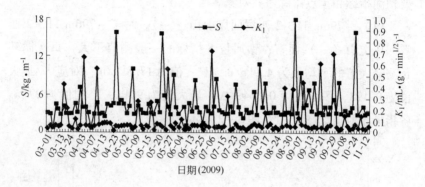

图 3 –3　–796m 11 –2 西翼回风上山（二）S、K_1 指标预测值

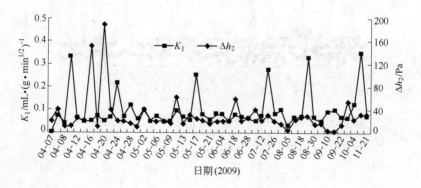

图 3 –4　–796m 11 –2 西翼回风上山（二）Δh_2、K_1 指标预测值

(3) 1411(1) 轨、运顺 11 –2 煤预测指标变化规律。1411(1) 轨道顺槽的预测指标与 –796m 11 –2 西翼回风上山表现出同样的规律，即 S、K_1 值表现出与地质构造有较大的关联性，即在 304m 处的正断层附近，360m 处出现 S 值超标，最大钻屑量共出现 8 次超值；

最大钻屑瓦斯解吸指标 K_{1max} 在 225m 处的 F11 正断层和 388m 处的 F12 正断层附近，398m 左右表现出 S 指标超标和多处突增，这说明 S 值在地质构造附近显现出较好的敏感性和较高的预测突出准确率，如图 3-5 所示。

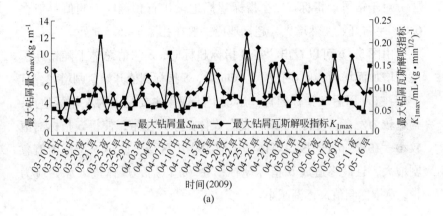

(a)

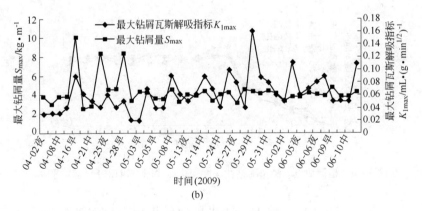

(b)

图 3-5　1411(1) 轨、运顺 11-2 煤预测指标变化规律

(a) 测孔 1~48 号；(b) 测孔 1~37 号

（4）断层构造带的敏感指标预测。在地质构造带附近，S 指标容易出现超标现象，而其他指标中仅有 Δh_2 出现过 2 次超标。断层附近 S 指标超标现象出现的主要原因是由于在断层附近，构造应力较大，

构造运动的揉搓作用，对煤体破坏强烈，使得煤体较软，而 S 指标主要是反映煤体应力状态、煤体破坏程度等的指标。当在这些地段进行突出危险性预测时，地应力较大，且煤体呈碎片状，极易垮落，扩孔效应明显，使得 S 指标测值偏大，且易造成 S 指标超标。

对于钻屑量指标 S，在指标超标地段进行预测时，测值一般在 6.0m 左右开始突然增大，超标地段一般在孔深 3～6.5m 处。

由图 3-6 可以看出，在 S 指标超标时，S 测值总体上随钻孔深度的增加而增大，但在孔深 5～6m 后，S 指标测值开始急剧增大，且一般在 6m 以后 S 指标超标。出现上述现象主要是因为在超标地点，构造较为发育，使得在 4m 以前，煤体处于卸压带，使得 S 指标测值较小；在 4～6m 阶段，煤体处于应力集中区域，使得 S 指标测值急剧增大，且最终造成 S 指标超标；在 7m 以后，煤体进入原始应力带，S 指标测值又逐渐减小。

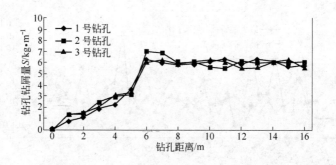

图 3-6 超标地点 S 测值随钻孔深度变化曲线图（1412(1) 运输平巷）

（5）1321(1) 运顺 11-2 煤层敏感指标变化规律观测结果。2009-01-01～2009-01-31 观测 1321(1) 运顺槽的预测指标变化的规律，即 S、q 值表现出与地质构造有较大的关联性，即在 344m 处的正断层附近，60m 处出现 S 值没有超标，最大钻屑量共出现 8 次接近临界值 6kg/m；最大钻屑瓦斯解吸指标 K_{1max} 在 225m 处的 F11 正断层和 388m 处的 F12 正断层附近，398m 左右表现出 S 指标超标和多处突增，这说明 S 值在地质构造附近显现出较好的敏感性和较高的预测突出准确率。1321(1) 运顺 11 - 2 煤层敏感指标变化规律如图 3 - 7 所示。

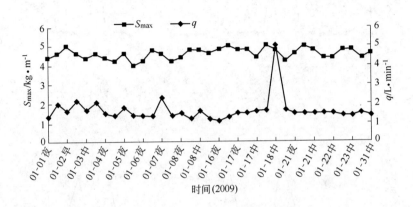

图 3 - 7 1321(1) 运顺 11 - 2 煤层敏感指标变化曲线

（6）1321 （1） 煤层敏感指标变化规律观测结果。2009 - 03 - 03 和 2009 - 06 - 30 观测 1321(1) 运顺槽的预测指标变化的规律，即 S、q 值表现出与地质构造有较大的关联性，即在 354m 处的正断层附近，65m 处出现 S 值没有超标，最大钻屑量共出现 6 次接近临界值 6kg/m；最大钻屑瓦斯解吸指标 K_{1max} 在 265m 处的 F11 正断层和 398m 处的 F12 正断层附近，400m 左右表现出 S 指标超标和多处突增，这说明 S 值在地质构造附近显现出较好的敏感性和较高的预测突出准确率。1321(1) 煤层敏感指标变化规律如图 3 - 8 所示。

（7）2009 - 03 - 26 ~ 2009 - 03 - 31 观测 1341(1) 运顺槽的预测指标变化的规律，即在 382m 处的正断层附近，65m 处出现 S 值少有超标，最大钻屑量出现 1 次接近临界值 7kg/m；最大钻屑瓦斯解吸指标 K_{1max} 在 285m 处和 398m 处附近。1341(1) 运顺槽的预测指标变化的规律如图 3 - 9 所示。

（8）2009 - 03 - 01 观测 1321(1) 运顺槽的预测指标变化的规律，

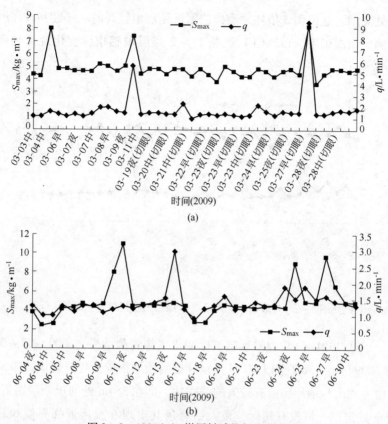

图 3 - 8 1321(1) 煤层敏感指标变化曲线

(a) 3 月份敏感指标；(b) 6 月份敏感指标

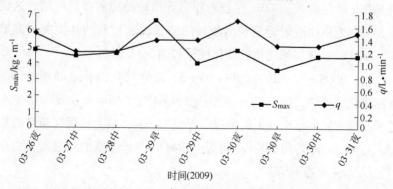

图 3 - 9 1341(1) 运顺煤层敏感指标变化曲线

即 S、q 值表现出与地质构造有较大的关联性，从图 3-11 中可以看出，钻孔瓦斯涌出初速度 q 无超限，最大为 3L/min；钻屑量 S 有 2 次超限，最大值为 14kg/m。预测过程中只有一次记录有动力现象，因而认为真正有突出危险次数为一次。这说明 S 值在地质构造附近显现出较好的敏感性和较高的预测突出准确率。1141（1）轨顺 3 月份 S、q 变化规律如图 3-10 所示。

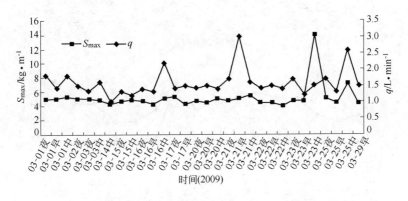

图 3-10　1141（1）轨顺 3 月份 S、q 变化规律

（9）观测 1141（3）运顺 3 月份、4 月份 S、q 变化规律，即 S、q 值表现出与地质构造的关联性，1141（1）轨顺 3 月份 S、q 变化规律如图 3-11 所示。从图中可以看出，钻孔瓦斯涌出初速度 q 无超限，最大为 1.8L/min；钻屑量 S 有 1 次超限，最大值为 14kg/m。预测过程中只有一次记录有动力现象，因而认为真正有突出危险次数为一次。这说明 S 值在地质构造附近显现出较好的敏感性和较高的预测突出准确率。

（10）观测 1252（1）运顺 3 月份、4 月份 S、q 变化规律，即 S、q 值表现出与地质构造较多的关联性，1252（1）运顺 3 月份 S、q 变化规律如图 3-12 所示。从图中可以看出，钻孔瓦斯涌出初速度 q 出现了 6 次超限，最大为 7.5L/min；钻屑量 S 有 2 次超限，最大值为 8kg/m。预测过程中只有 2 次记录有动力现象，因而认为真正有突出

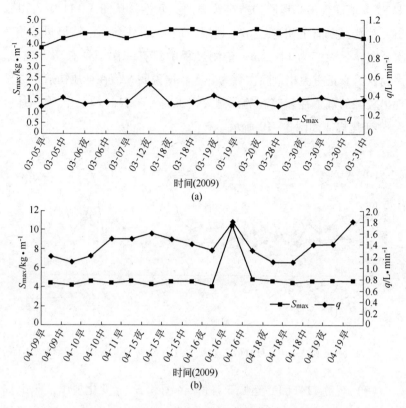

图 3 - 11　1141(3) 运顺 3 ~ 4 月份 S、q 变化曲线

(a) 3 月份；(b) 4 月份

危险次数为一次。这说明 S 值在地质构造附近显现出较好的敏感性和较高的预测突出准确率。

(11) 观测 1242(1) 运顺及联巷 4 ~ 5 月份 S、q 变化规律，即 S、q 值表现出与地质构造较多的关联性，从图 3 - 13 中可以看出，钻孔瓦斯涌出初速度 q 出现了 2 次超限，最大为 6.8L/min；钻屑量 S 有 2 次超限，最大值为 8kg/m。预测过程中只有 2 次记录有动力现象，真正有突出危险次数为 2 次。即在 74m 处的正断层附近，60m 处出现 S 值超标，最大钻屑量共出现 2 次超过临界值 6kg/m；

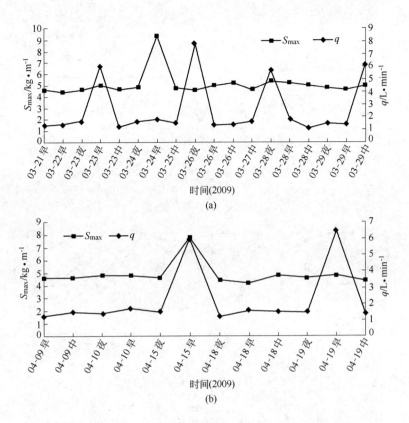

图 3 - 12 1252(1) 运顺 3 ~ 4 月份 S、q 变化曲线

(a) 3 月份；(b) 4 月份

最大钻屑瓦斯解吸指标 K_{1max} 在 168 m 左右表现出 S 指标超标和多处突增，这说明 S 值在地质构造附近显现出较好的敏感性和较高的预测突出准确率。1242(1) 运顺 4 ~ 5 月份 S、q 变化规律如图 3 – 13所示。

从图 3 – 14 中可以看出，钻孔瓦斯涌出初速度 q 有 20 次超限，最大为 5.5 L/min；钻屑量 S 有 3 次超限，最大值为 13.58 kg/m。预测过程中只有 2 次记录有动力现象，因而认为真正有突出危险次数为2 次。

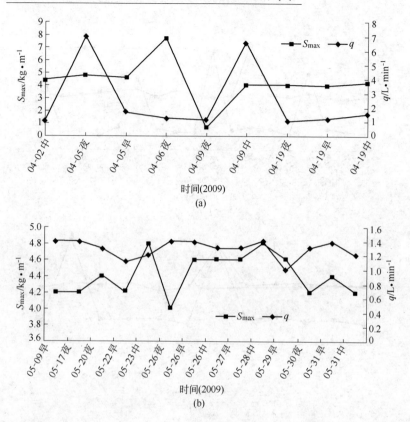

图 3 – 13 1242（1）运顺 4 ~ 5 月份 S、q 变化曲线

（a）4 月份；（b）5 月份

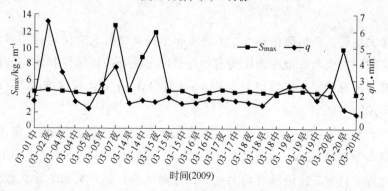

图 3 – 14 1422（1）运顺 3 月份敏感预测指标变化曲线

观测 1422(1) 运顺的预测指标变化的规律，即 S、q 值表现出与地质构造有较大的关联性，即在 94m 处的正断层附近，60m 处出现 S 值有超标，最大钻屑量共出现多次接近临界值 6kg/m；最大钻屑瓦斯解吸指标 K_{1max} 在 35m 和 88m 左右表现出 S 指标超标和多处突增，这说明 S 值在地质构造附近显现出较好的敏感性和较高的预测突出准确率。

由以上预测结果可以看出：巷道掘进期间执行循环预测，即工作面掘进期间测定钻屑解吸指标 K_1 和钻屑量指标 S_{max}，若预测（效检）结果中 K_1 值均小于 $0.4mL/(g \cdot min^{1/2})$、$S_{max}$ 均小于 6.0kg/m、q 值均小于 4L/min，此工作面即定性为无突出危险工作面，保留不少于 2m 超前距循环测定。

任何一次预测结果中若 K_1 值 $\geqslant 0.4mL/(g \cdot min^{1/2})$ 或 $S_{max} \geqslant$ 6.0kg/m、$q_{max} \geqslant 4L/min$，此工作面即定性为突出危险工作面。

排放孔施工完毕后进行效果检验，只有在 $K_1 < 0.4mL/(g \cdot min^{1/2})$ 且 $S_{max} < 6.0kg/m$ 后方可进行掘进。掘进时，同时保持不少于 10m 排放钻孔超前距和不少于 2m 效果检验孔超前距。掘进到位后，进行预测，在指标不超标的情况下再施工一次排放钻孔。任何一次排放孔施工后测定时若 $S_{max} \geqslant 6.0kg/m$ 或 $K_1 \geqslant 0.4mL/(g \cdot min^{1/2})$ 必须在测定超标点附近补打钻孔，然后再进行效检，直至效检合格方可恢复进尺。

4 试验目标煤层突出危险性与敏感指标预测方法研究

敏感指标是指对矿井突出煤层进行预测时能明显区分突出危险和非突出危险的突出预测指标，即在突出危险和非突出危险工作面实测该指标的值无交叉或交叉较少，突出危险与非突出危险工作面各测定值之间无明显界限值的指标是突出预测不敏感指标，敏感指标的临界值是指用该指标划分突出危险工作面或非危险工作面的界定值，通常敏感指标及其临界值同时确定；敏感指标的分析方法通常采用"三率"分析法、模糊聚类分析法、灰色关联分析法。

4.1 预测指标敏感性分析方法

4.1.1 "三率"分析法

预测指标的敏感性可根据"三率"来确定，当某个预测指标是敏感指标时，要求它具有较小的预测突出率、较高的预测突出准确率和较高的预测不突出准确率。所谓"三率"，就是指预测突出率、预测突出准确率和预测不突出准确率，它们的计算公式如下：

（1）预测突出率

$$\eta_1 = n/N \qquad (4-1)$$

式中　η_1——预测突出率,%；

　　　n——预测有突出危险次数；

　　　N——预测总次数。

（2）预测突出准确率

$$\eta_2 = n_1/n \qquad (4-2)$$

式中　η_2——预测突出准确率,%；

n_1——在预测有突出危险次数中有突出危险的次数（包括发生了突出以及预测中喷孔、卡钻、顶钻、煤炮频繁等严重突出征兆）。

（3）预测不突出准确率

$$\eta_3 = n_2/n_3 \qquad (4-3)$$

式中　η_3——预测不突出准确率,%；

n_2——预测不突出次数中果真无突出危险的次数；

n_3——预测不突出次数。

预测突出率 η_1 代表预测有突出危险区段的比例大小，η_1 越小，需要采取防突措施的范围越小。因此，在保证预测准确的前提下，η_1 越小越好，但一般 η_1 在30% ~40%之间，预测不突出准确率 η_3 应达到100%，预测突出的准确率 η_2 达到60%，此时的临界指标即可满足现场要求。上述三率是互有关联的，若预测敏感指标低，虽然 η_3 提高了，但 η_1 也同样提高，η_2 也相应降低了；反之临界值取得高，虽然 η_2 提高了，η_1 下降了，但 η_3 也下降了。

4.1.2　模糊聚类分析法

模糊聚类分析法是在跟踪考察数据的基础上，建立预测敏感指标的数学模型，把抽象的敏感指标的确定问题通过具体的数值表示出来。预测结果的无量纲化是将单位不同的各项指标按式（2-1）进行无量纲化处理，预测指标的数学期望值用式（4-4）表示为：

$$E(X) = \frac{X'_{qe} - X'_{min}}{X'_{max} - X'_{min}} \qquad (4-4)$$

通过上述计算，即可得到各个突出预测指标的敏感度 $M(i)$，通过比较 $M(i)$ 的大小，即可得到各指标的敏感性。

4.1.3　灰色关联分析法

4.1.3.1　灰色关联分析法概述

在实际跟踪测定过程中，各个掘进工作面由于预测指标超限时均采取了防护措施，实际并未发生一次真正突出，三个指标对预测突出危险性是否敏感，用"三率"法来确定煤与瓦斯突出预测敏感指标还有欠缺。

目前，预测采掘工作面突出危险性的大多数指标都有比较严格和成熟的预测方法。在我国大部分突出矿井采取钻屑量指标 S、钻孔瓦斯涌出初速度指标 q、钻屑瓦斯解吸指标 $K_1(\Delta h_2)$，另外还有综合指标 R 以及其他经试验证实有效的方法（钻屑温度、煤体温度、放炮后瓦斯涌出量等），但这些指标仅在个别矿井预测中得到了应用。

实际突出矿井所采取的预测指标中，由于地质条件的差异，各预测指标对不同的矿井可能有不同的敏感性，突出敏感指标分散性较大，即当某一指标很大时，考察区域没有突出危险性，而某一指标很小时，考察区域却发生了突出。这就需要研究不同指标对同一区域危险性的敏感程度。当前国内很多学者针对此种状况提出一些数理统计学中的回归分析、方差分析、主成分分析、模糊聚类、灰色关联分析法等用来进行系统分析，确定煤与瓦斯突出敏感指标。同灰色关联分析法相比，以上其他方法存在一些不足之处。如：

（1）要求有大量数据，数据量少就难以找出统计规律；

（2）要求样本服从某个典型的概率分布，如正态分布、F 分布等，要求各因素数据与系统特征数据之间呈线性关系，这种要求往往难以满足；

（3）计算工作量大，一般要靠计算机帮助；

（4）可能出现量化结果与定性分析不符的现象，导致系统的关系和规律遭到歪曲和颠倒等。

对一个具体的系统来说，一开始并没有大量的数据，也没有什么典型的规律可循，因此，采用数理统计的方法难以奏效。而灰色关联分析方法则弥补了采用数理统计方法进行系统分析的不足，它对样本有无规律都同样实用，也不会出现量化结果与定性分析结果不符的现象。

采取灰色关联分析法进行系统分析时，在选准系统行为特征的映射量后，需要进一步明确影响系统行为的有效因素，如作量化分析研究，则需要对系统行为特征映射量和各有效因素进行适当处理，通过算子作用，使之转化为量级大体相近的无量纲数据，并将负相关因素转化为正相关因素。

（1）若 x_j 为系统因素，其在序号上的观测数可根据 $x_j(i)$，$i=1$，2，$\cdots$，n；得到以 $x_j = (x_j(1)$，$x_j(2)$，$\cdots$，$x_j(n))$ 为因素的 x_j 行为序列；

（2）若 x_i 为时间序号，$x_j(i)$ 为因素 x_i 在 i 时刻的观测数据，则有：$x_j = (x_j(1), x_j(2), \cdots, x_j(n))$ 为因素 x_j 的行为时间序列；

（3）若 i 为指标序号，$x_j(i)$ 为因素 x_j 关于第 i 个指标的观测数据，则有：$x_j = (x_j(1), x_j(2), \cdots, x_j(n))$ 为因素 x_i 的行为指标序列；

（4）若 i 为观测对象序号，$x_j(i)$ 为因素 x_j 关于第 i 个对象的观测数据，则有 $x_j = (x_j(1), x_j(2), \cdots, x_j(n))$ 为因素的行为横向序列。

无论是时间序列数据、指标序列数据，还是横向序列数据，都可以用来作关联分析。煤与瓦斯突出预测指标为指标序列数据。

4.1.3.2 建立突出危险性预测敏感指标关联分析模型

应用灰色系统理论分析的关键是如何选择参考序列，即确定反映煤与瓦斯突出系统内在规律的映射量模型和建立突出预测敏感指标确定方法的理论分析模型，从而计算各预测指标与映射量之间的关联系数和关联度，进而建立突出预测敏感指标确定的理论分析方法和敏感指标。

A　指标体系及系统映射量的建立

灰色关联分析的关键是选准反映系统行为特征的数据序列，即寻找反映系统行为的映射量，然后用映射量来分析研究系统的行为规律。煤与瓦斯突出是煤体在应力、所含瓦斯和煤体物理力学性质等因素综合作用下发生的，有煤岩、瓦斯参与的气固两项介质力学过程，而钻孔瓦斯涌出初速度指标 q、钻屑量指标 S 和钻屑瓦斯解吸指标 Δh_2 是《防治煤与瓦斯突出细则》的规定，是在技术上较为成熟的预测指标，在长期的现场应用中产生了很好的突出防治效果。三项指标分别在不同程度上反映了煤与瓦斯突出的应力、瓦斯和煤的物理力学性质本质，而三者的科学结合，综合反映了决定煤与瓦斯突出的应力、瓦斯和煤的物理力学性质。

考虑到综合指标 R 值是钻孔瓦斯涌出初速度指标 q、钻屑量指标 S 的结合，同时在数学处理是出现负值的情况，选用能够综合预测突出危险程度的钻屑量 S、钻孔瓦斯涌出初速度 q 和钻屑瓦斯解吸指标 Δh_2 作为映射量建立备选指标，组成映射量建立指标体系。由于这些预测指标在进行突出预测时的关系是对等的，只是在煤层赋存、瓦斯地质条件和开采技术条件等状况有所差异时，也就是特定矿井决定突出的主导因素不同，出现敏感程度的差异。因此，建立如下反映突出危险程度的系统映射函数：

$$E_1(i) = f(X) \qquad\qquad (4-5)$$

$$f(X) = \prod_{j=1}^{m} x_j(i) \qquad\qquad (4-6)$$

式中　　X——由 $x_j(i)$ 组成的阶矩阵；

　　　$f(X)$——反映射量函数；

　　　$x_j(i)$——同一次预测实测 S_i、Δh_2、q_1，$i = 1, 2, \cdots, n$，$j = 1$，
　　　　　　　$2, 3, \cdots, m$。

这里，i 为测定数据组序号；j 为指标数据序列号；n 为指标数据组数；m 为指标体系采用的指标容量（为比较数列个数，即突出预

测测定预测指标个数），$m = 3$。

B 数据的无量纲化处理

由于钻孔瓦斯涌出初速度指标 q、钻屑瓦斯解析指标 Δh_2、钻屑量指标 S 量纲不同，数值差异较大，为消除各指标单位和数量级差异对分析结果带来的不利影响，首先需要对各指标进行无量纲变换。此处采用均值化算子对各指标数值转换如下：

$$X'_j(i) = \frac{X_j(i)}{\overline{X}_j} \qquad (4-7)$$

式中　$X'_j(i)$ ——各指标无量纲变换量，$i = 1，2，\cdots，n，j = 1，2，$

　　　　　　　$3，\cdots，m$，这里 $m = 3$；

　　　　$\overline{X}_j$ ——预测指标的样本平均值，$j = 1，2，3，\cdots，m，m$

　　　　　　　$= 3$，其值由下式确定：

$$\overline{X}_j = \frac{1}{n} \sum_{i=1}^{n} X_j(i) \qquad (4-8)$$

则经过量纲变换后的系统映射量为：

$$E_2(i) = f(X') \qquad (4-9)$$

其中 $E_1(i)$，$E_2(i)$ 表示突出危险性的程度大小。这样，就建立了突出危险性的程度与各指标之间的无量纲数学关系，即反映煤与瓦斯突出内在规律的映射量函数。

C 突出预测指标与突出危险程度关联分析计算

煤与瓦斯突出系统是既含有已知的内部特性，又含有未知和非确定内部特性的灰色信息系统，关联分析参考数列 $X_0(i)$ 为系统映射量 $E_2(i)$，比较数列 $X_j(i)$ 为各预测指标，即钻孔瓦斯涌出初速度 q、钻屑量 S 和钻屑瓦斯解吸指标 Δh_2 和 R 值指标。灰色关联函数 $\xi_{kj}(i)$ 为：

$$\xi_{kj}(i) = \frac{\Delta_j(\min) + K \cdot \Delta_j(\max)}{\Delta_j(i) + K \cdot \Delta_j(\max)}，K \in (0,1) \qquad (4-10)$$

$$\Delta_j(\min) = \min(j)，\min(i) \left| X_0(i) - X_j(i) \right|$$

$$\Delta_j(\max) = \max(j)，\max(i) \left| X_0(i) - X_j(i) \right|$$

$$\Delta_j = |X_0(i) - X_j(i)|$$

式中 $\xi_{kj}(i)$——第 i 时刻比较序列 X_j 与参考序列 E_2 的相对差值，即 X_j 对 E_2 在 i 时刻的关联系数；

         K——分辨系数，$K \in (0, 1)$，由于各指标的平等性，取 $K = 0.5$；

     $X_0(i)$——参考数列，即建立的系统映射量。

式中的 X_j 与 m、n 有关系，同式（4 - 8）。m 为比较数列个数，即突出预测测定预测指标个数，$m = 3$；n 为分析数据组数。

各指标与突出危险性间的关联度可表示为：

$$T_{kj} = \frac{1}{n} \sum_{i=1}^{n} \xi_{kj}(i) \qquad (4 - 11)$$

关联度计算结果，即得到了各预测指标分别与煤层突出危险性之间的敏感关系。

   D   突出预测敏感指标综合分析确定方法

利用前面建立的模型，输入指标数据，最后可以计算出钻屑量 S、钻孔瓦斯涌出初速度 q 和钻屑瓦斯解吸指标 Δh_2 与突出危险性 $E_2(i)$ 之间的灰色关联度。根据灰色系统理论可知，关联度最大的两个量之间关系最为密切，即钻屑量 S、钻孔瓦斯涌出初速度 q 和钻屑瓦斯解吸指标 Δh_2 中与突出危险程度函数 $E_2(i)$ 之间关联度最大的那个指标与突出危险程度联系最为密切，即为所寻找的敏感指标，关联度最小的则为最不敏感的指标。

4.2 预测指标敏感性"三率"分析结果

4.2.1 顾（南区）试验目标煤层敏感指标"三率"分析结果

对顾（南区）2 个采掘面跟踪考察所获得的瓦斯突出危险性预测指标进行"三率"分析，得到的各预测指标"三率"计算结果如表

4-1 所示。

表 4-1 顾（南区）试验目标煤层各预测指标"三率"计算结果

煤层	指标	总预测次数 N	预测有突出危险次数 n	有明显突出征兆的次数 n_1	预测突出率 /%	预测突出准确率 /%	预测不突出准确率 (n_2/n_3)/%
B11-2	S	74	9	2	12.20	22.22	100
	q	21	0	3	0	0	85.70
	Δh_2	98	1	4	0.80	0	96.90
	K_1	60	0	2	0	0	96.70
C13-1	S	86	2	2	1.08	100	100
	q	18	0	0	0	100	100
	Δh_2	35	0	0	0	100	100
	K_1	86	0	4	0	0	95.32

（1）顾（南区）B11-2 煤层预测结果。从表 4-1 中可以看出：钻屑量指标 S 的预测突出率为 12.20%，预测突出准确率为 22.22%，预测不突出准确率为 100%。钻孔瓦斯涌出初速度指标 q 的预测突出率为 0，预测突出准确率为 0，预测不突出准确率为 85.70%。钻屑瓦斯解吸指标 Δh_2 的预测突出率为 0.80%，预测突出准确率为 0，预测不突出准确率为 96.90%。钻屑瓦斯解吸指标 K_1，在 60 次跟踪考察测值中没有出现过超标情况，预测突出率为 0，预测突出准确率为 0，预测不突出准确率为 96.70%。由此可知，对于 B11-2 煤层，钻屑量指标 S 最敏感，钻孔瓦斯涌出初速度 q、瓦斯解吸指标 Δh_2 和 K_1 不敏感。

（2）顾（南区）C13-1 煤层预测结果。钻屑量指标 S 的预测突出率为 1.08%，预测突出准确率为 100%，预测不突出准确率为 100%。钻孔瓦斯涌出初速度指标 q 的预测突出率为 0，预测突出准确率为 100，预测不突出准确率为 100%。钻屑瓦斯解吸指标 Δh_2 的预测突出率为 0，预测突出准确率为 100%，预测不突出准确率为 100%。钻屑瓦斯解吸指标 K_1，在 86 次跟踪考察测值中没有出现过超标情况，预测突出率为 0，预测突出准确率为 0，预测不突出准确率为 95.32%。由此可知，对于顾（南区）C13 - 1 煤层，钻屑量指标 S 最敏感，瓦斯解吸指标 Δh_2 和 K_1 也具有较强的敏感性。

4.2.2 预测指标敏感性模糊聚类分析结果

将各矿目标煤层跟踪考察测得的采掘工作面瓦斯突出预测指标值，代入式（4 - 1）~ 式（4 - 3）、式（2 - 1）、式（2 - 2），计算得试验矿井目标煤层各突出预测指标的敏感度 $M(i)$ 如表 4 - 2 所示。

表 4 - 2 试验矿井目标煤层各预测指标敏感性模糊聚类分析结果

矿井	目标煤层	各预测指标的敏感度				
		$M(K_1)$	$M(S)$	$M(q)$	$M(\Delta h_2)$	$M(\varepsilon)$
顾 （南区）	B11 - 2	0.158	0.1625	0.1610	0.1476	
	C13 - 1	0.1332	0.2587	0.1715	0.1658	

由表 4 - 2 中预测指标的敏感度可以看出：顾（南区）B11 - 2 煤层和 C13 - 1 煤层瓦斯突出预测指标的敏感性由大到小依次为：钻屑量 S，钻屑瓦斯解吸指标 K，钻屑瓦斯解吸指标 Δh_2，钻孔瓦斯涌出初速度 q。

4.2.3 预测指标敏感性灰色关联分析结果

根据所收集的煤与瓦斯突出预测指标及数量用灰色关联分析方法来分析煤巷掘进工作面突出预测三指标的敏感性，其关联分析编程计算结果见表 4 - 3。

表 4 - 3 三指标关联度分析结果

映射量 E	灰色分析关联度值		
	钻屑解吸指标 Δh_2	钻屑量 S	钻孔瓦斯涌出初速度 q
系统映射量 $E_1(i)$	0.85482	0.804658	0.817808
系统映射量 $E_2(i)$	0.803212	0.85448	0.807743

4.3 试验区目标敏感指标确定

4.3.1 钻屑量和瓦斯解吸指标的测定

钻屑量的测定用重量法，即每钻进 1m 钻孔，收集全部的钻屑，用弹簧秤称重。

关于瓦斯解吸指标的测定，打钻时在预定测定深度取钻屑，用 $1 \sim 3mm$ 的筛子筛分，取粒度 $1 \sim 3mm$ 试样装在解析仪上测定。一般采用 R. M. Barrer 公式计算 K_1 值：

$$K_1 = \frac{Q + W}{\sqrt{t}} \qquad (4-12)$$

式中　K_1——钻屑瓦斯解吸指标；

　　　Q——测定时间为 t 时测定出的瓦斯解吸量；

　　　W——落煤开始到测定时损失的瓦斯解吸量；

　　　t——瓦斯解吸时间，$t = t_1 + t_2 + t_i$ 为钻粉从取样点排到孔口的时间，按照经验一般取 $t_1 = 0.1L$，t_2 为从孔口接粉到开始测定的时间，t_i 为测定时间。

4.3.2 钻屑量指标的理论分析

4.3.2.1 钻屑量的组成

钻屑量的组成如下：

(1) 实体钻孔煤芯 S_0。该部分煤屑为半径 r_0 钻孔周围发生破碎，形成圈前的原始固有煤屑，按单位长度计算原始煤体容量为 P_0，则：

$$S_0 = \pi r_0^2 \cdot P_0 \qquad (4-13)$$

(2) 弹性变形阶段钻孔形成的附加煤屑量 S_1。根据应力等效作用机理，多孔介质破坏的真实应力才是有效应力，即有效应力 $\sigma =$

$W - \lambda p_0$ (p_0 为瓦斯原始压力，λ 为与煤内摩擦角 ϕ 和内聚力 c 有关的系数)，煤的弹性模量与泊松比分别为 E、μ，则有：

$$S_1 = 2\pi r_0^2 \cdot P_0(W - \lambda p_0)/E \qquad (4-14)$$

(3) 孔壁周围破碎带内煤体扩容所形成的附加煤屑量 S_2。孔壁破碎圈的有效半径为：

$$R = \frac{r_0}{1.5}\Big[\frac{2(W - \lambda p_0)}{(K + 1)\sigma_0'}\Big]^{\frac{1}{K+1}} \qquad (4-15)$$

式中 K——破碎带煤体的三轴残余强度系数；

σ_0'——$r = 1.5r_0$ 处煤体的残余强度。

松散系数计算：

$$\eta(r) = A/(1 + Br) \qquad (4-16)$$

式中 A，B——待定系数，$A = \eta_{r0}\dfrac{R - r_0}{R - \eta_{r0} r_0}$，$B = \dfrac{\eta_{r0} - 1}{R - \eta_{r0} r_0}$；

η_{r0}——孔壁处的松散系数，由于破碎带与弹性区交界处煤的容重与原始容重相当，其松散性系数近似为 1。

由此可得 S_2 计算公式为：

$$S_2 = \big[(R_2 - r_{20})(A - 1) - 0.667B(R_3 - r_{30})\big]\pi P_0/A \qquad (4-17)$$

(4) 弹性区与破碎带交界处由于弹性卸载而产生的附加煤屑 S_3。破碎带形成后，同理可以得到弹性区与破碎带交界处由于弹性卸载而产生的附加煤屑 S_3 的计算公式：

$$S_3 = 2\pi(1 + \mu)P_0 R_2\big[(1 - r_{20}/R_2) - 2/(K + 1)\big](W - \lambda p_0)/E$$

$$\qquad (4-18)$$

综上所述，钻屑量 S 的计算公式为：

$$S = S_0 + S_1 + S_2 + S_3 \qquad (4-19)$$

4.3.2.2 钻屑量指标测定误差的影响因素分析

钻屑量指标的大小由四个方面的因素决定，即取决于打钻地点的瓦斯含量、地应力状况、煤的结构破坏程度以及钻头直径。其中，钻头直径是钻屑量指标的一个参照标准，对于某一固定钻头直径来说，钻屑量指标是一个常量，其大小主要取决于打钻地点的瓦斯、地应力能量的大小及煤的结构破坏程度，这也是影响煤与瓦斯突出最主要的三个因素。所以，钻屑量指标的大小综合地反映了影响突出发生的三个主要因素。单位孔长的钻屑量越大，则发生突出的危险性越大。

4.3.2.3 防突预测指标 S_{max}(kg/m) 与 q(L/min) 跟踪测试结果

巷道掘进期间执行循环预测，即工作面掘进期间测定钻屑量指标 S_{max}，若预测（效检）结果中 S_{max} 均小于 6.0kg/m、q 值均小于 4L/min，此工作面即定性为无突出危险工作面，保留不少于 2m 超前距循环测定。任何一次预测结果中若 $S_{max} \geq 6.0$kg/m、$q_{max} \geq 4$L/min，此工作面即定性为突出危险工作面。

在 2009 年 1~2 月的两个月时间里，对各工作面及顺槽的预测指标变化的规律，即 S、q 值表现出与地质构造有较大的关联性，即在 300m 处的正断层附近，60m 处出现 S 值没有超标，最大钻屑量共出现 6 次接近临界值 6kg/m；最大钻屑瓦斯解吸指标 K_{1max} 在 245m 处的 F11 正断层和 348m 处的 F12 正断层附近，358m 左右表现出 S 指标超标和多处突增，这说明 S 值在地质构造附近显现出较好的敏感性和较高的预测突出准确率。从图 4-1~图 4-13 中可以看出，钻孔瓦斯涌出初速度 q 有 4 次超限，最大为 14.5L/min；钻屑量 S 有 2 次超限，最大值为 8.5kg/m。预测过程中有 3 次记录有动力现象，因而认为真正有突出危险次数为 3 次。

丁集矿 1252(1) 运顺 2009 年 1 月份防突预测指标 S_{max}(kg/m) 与 q(L/min) 统计结果如图 4-1 所示。

丁集矿 1252(1) 轨运联巷 2009 年 1 月份防突预测指标 S_{max}(kg/m) 与 q(L/min) 统计结果如图 4-2 所示。

经考察 1422(1) 运顺 2009 年 1 月份防突预测指标 S_{max}(kg/m) 与 q(L/min) 统计结果如图 4-3 所示。

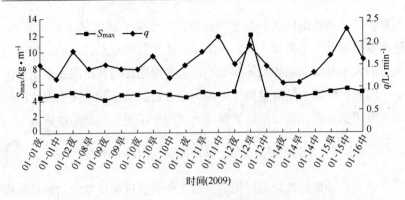

图 4 - 1 1252(1) 运顺防突预测指标变化曲线

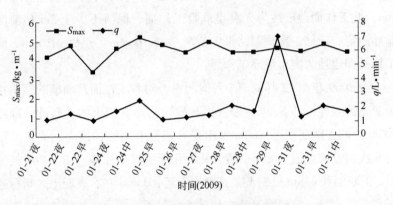

图 4 - 2 1252(1) 轨运联巷防突预测指标变化曲线

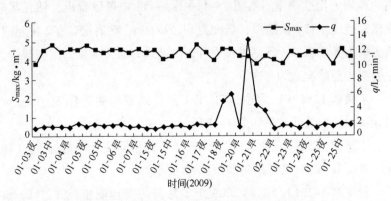

图 4 - 3 1422(1) 运顺防突预测指标变化曲线

跟踪目标区的 1422(1) 轨顺 2009 年 1 月份防突预测指标 S_{max}（kg/m）与 q（L/min）统计结果如图 4-4 所示。

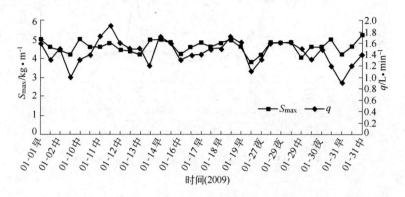

图 4-4 1422(1) 轨顺防突预测指标变化曲线

考察目标区的 1262(1) 首采面 2009 年 1 月份防突预测指标 S_{max}（kg/m）与 Δh_2 统计结果如图 4-5 所示。

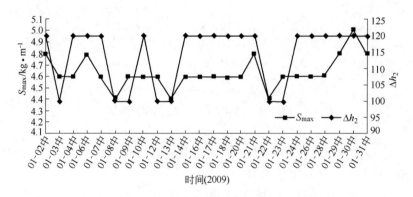

图 4-5 1262(1) 首采面防突预测指标变化曲线

跟踪目标区的 1321(1) 运顺 2009 年 1 月份防突预测指标 S_{max}（kg/m）与 q（L/min）统计结果如图 4-6 所示。

考察目标区的 1321(1) 运顺 2009 年 2 月份防突预测指标 S_{max}（kg/m）与 q（L/min）统计结果如图 4-7 所示。

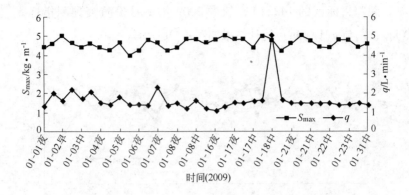

图 4 - 6   1321(1) 运顺 1 月份防突预测指标变化曲线

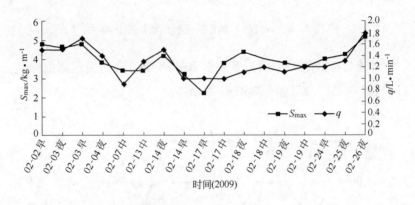

图 4 - 7   1321(1) 运顺 2 月份防突预测指标变化曲线

丁集矿 1331(1) 运顺 2009 年 2 月份防突预测指标 S_{max}(kg/m) 与 q(L/min) 统计结果如图 4 - 8 所示。

丁集矿 1141(3) 运顺 2009 年 2 月份防突预测指标 S_{max}(kg/m) 与 q(L/min) 统计结果如图 4 - 9 所示。

丁集矿 1141(3) 轨顺 2009 年 2 月份防突预测指标 S_{max}(kg/m) 与 q(L/min) 统计结果如图 4 - 10 所示。

丁集矿 1242(1) 运顺 2009 年 2 月份防突预测指标 S_{max}(kg/m) 与 q(L/min) 统计结果如图 4 - 11 所示。

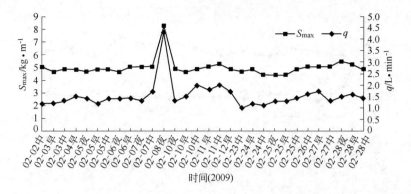

图 4 - 8 1331(1) 运顺防突预测指标变化曲线

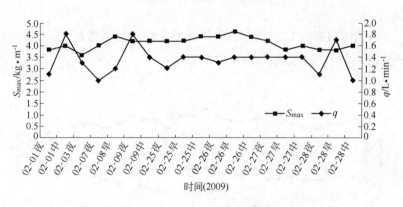

图 4 - 9 1141(3) 运顺防突预测指标变化曲线

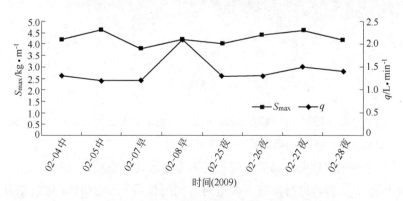

图 4 - 10 1141(3) 轨顺防突预测指标变化曲线

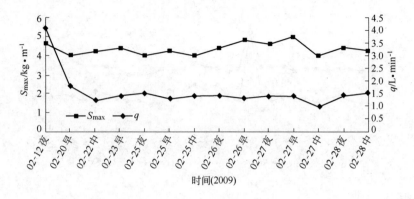

图4-11 1242（1）运顺防突预测指标变化曲线

丁集矿1422（1）运顺2009年2月份防突预测指标 S_{max}（kg/m）与 q（L/min）统计结果如图4-12所示。

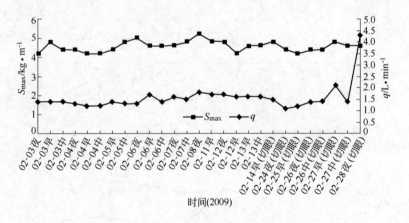

图4-12 1422（1）运顺防突预测指标变化曲线

丁集矿1422（1）轨顺2009年2月份防突预测指标 S_{max}（kg/m）与 q（L/min）统计结果如图4-13所示。

考察结果表明，排放孔施工完毕后进行效果检验，只有在 S_{max} < 6.0kg/m 后方可进行掘进。掘进时，同时保持不少于10m 排放钻孔超前距和不少于2m 效果检验孔超前距。掘进到位后，进行预测，在

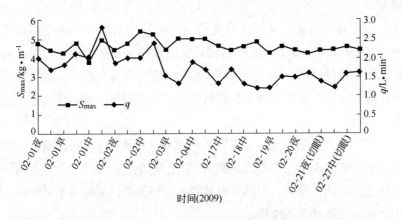

图 4-13 1422(1)轨顺防突预测指标变化曲线

指标不超标的情况下再施工一次排放钻孔。任何一次排放孔施工后测定时若 $S_{max} \geqslant 6.0$ kg/m，必须在测定超标点附近补打钻孔，然后再进行效检，直至效检合格方可恢复进尺。

4.3.2.4 钻屑瓦斯解析指标 K_1 的分析

钻屑瓦斯解析指标 K_1 是指煤样在仪器内暴露最初 1min 时间内的瓦斯解析量。K_1 值越大，表征煤的瓦斯含量大，破坏类型高，瓦斯解析速度快，则越易突出。影响 K_1 指标测定的因素有：

（1）时间因素。钻屑暴露时间是指钻屑从煤体剥落到开始测定这段时间，包括钻屑从钻孔深部排到孔口的时间和从接粉到测定前的时间，钻屑在钻孔内的排出过程比较复杂，其时间难以准确计算，按照经验是以 10m/min 的速度计算的，但当排粉不畅时误差较大。从接粉到测定前的时间主要取决于操作人员的熟练程度，一般在 1min 内可以完成。暴露时间的长短对 K_1 值的测定误差会产生一定影响，时间越长，K_1 测定值越小。根据试验结果，K_1 值的减少随暴露时间的变化关系可用公式 $K_1 = A \cdot t - 0.3847$ 表示，A 为常量，根据该公式，当暴露时间为 3min 时的 K_1 值比暴露时间为 2min 时的 K_1 值偏小约 15%。

（2）水分因素。钻屑水分是指钻屑的外在水分（不包括内在水分）。当采用水力排渣方式打钻或其他因素使钻屑被水浸泡过时，所接钻屑是湿的煤样，水分会占据煤样的一部分孔隙体积，因此阻塞瓦斯扩散和渗透的通道，减少瓦斯解吸速度和解吸量，从而使测定出的 K_1 值偏小。

（3）钻孔布置因素。钻孔布置因素对 K_1 测定误差的影响，主要是指测定值大小与工作面真正的 K_1 值之间的误差，而非测定点同一煤样之间的测定误差。引起其误差的主要原因是所采钻屑不是反映工作面真实危险状况的煤样。

（4）人工操作因素。在一些矿井中，防突预测人员采取钻屑后的操作行为，会给 K_1 值带来测定误差。

（5）钻屑混合因素。在钻屑指标法预测中，目前基本上是采用孔口取样的方式。用这种方式所取的钻屑无法保证是预定深处的钻屑，浅部的钻屑由于暴露时间长，瓦斯已经解吸一段时间，所以会导致测定出的 K_1 值比真实值偏小。其误差大小主要取决于混入浅部钻屑的多少和暴露时间的长短，而钻孔深度、钻杆的排粉能力和采样时机的把握则直接影响混入的钻屑量和暴露时间的长短。

4.3.2.5 减小预测误差度的方法

通过对影响 K_1 测定误差因素的分析，得知误差是完全可以消除的，通过采取一定的防范措施和规范的操作可以减小预测指标 K_1 的动态误差值。通常可从钻孔布置、施工、采样和仪器操作等方面，采取一些措施来减小或避免测定过程中产生的误差，可以提高敏感指标的预测准确性和可靠性。

（1）钻孔布置方面的措施。煤层巷道施工钻孔时，钻孔应尽量布置在软分层中，并把握好钻进方向，减少钻进到夹矸或硬分层中的可能。在开孔前应注意工作面已施工的钻孔情况，避免使测定钻孔靠近或打穿已有的钻孔。

（2）钻孔施工方面的措施。煤层工作面预测测定的钻孔深度最好不大于 15m，这样可以减少钻粉混合因素和暴露时间因素的影响。对于使用的煤电钻麻花钻杆，选用有利于排粉的钻杆参数，如合理的钻杆、钻头直径比和螺纹角度，尽量避免采用使用时间较长、磨损较大以及不平直的钻杆。在打钻过程中，应注意控制钻进速度和加强排粉以减少卡钻的机会，并应尽量避免在处理卡钻后的钻进过程中接粉。在用仪器测定 K_1 值的过程中，应停止打钻，等测定结束或即将结束时再开始打钻。

（3）钻屑采样及保护方面的措施。由于孔口取样方法操作简单、节约时间，所以目前绝大多数均采用这种采样方式。利用采样器基本可以避免钻粉混合因素的影响，测出的 K_1 值也精确，但操作比较复杂，有条件的矿井可以使用。而对一般矿井来讲，只要在采样方面尽量使钻粉不混合和减少暴露时间，采用孔口取样方法是完全可以满足要求的。为使孔口接的钻屑尽可能多的是预定深度处的，建议在钻孔打到预定深度后，不要立即接粉，等排一下钻粉后再接。接粉后的操作应当迅速，保证从接粉到测定开始的时间不超过 2min。另外，在接粉后应充分筛分，避免使测定的钻屑中混有太多小于 1mm 的钻屑，装入量杯时，应认真操作，使取样准确。

最后通过专职突出预测人员的精心操作，下井前，应检查仪器电量是否充足，在测定中发现仪器供电欠压时，必须停止测定。当发现其值变小时说明有漏气环节，应立即检查连接胶管是否老化破裂等，并处理其不再漏气。在操作中，应使用秒表时，输入的时间必须为实际暴露时间，禁止不计时间而输入一个估计时间。此外，对于测定仪器，应该定期进行必要的标定。

根据实验矿井目标煤层各预测指标的"三率"和敏感度计算结果，综合确定实验矿井目标煤层瓦斯突出预测敏感指标如下：

对于顾（南区）试验目标煤层 C13 – 1、B11 – 2 煤层，钻屑量 S

是煤层瓦斯突出预测的最敏感指标之一，2009 年 3 ~ 11 月所测结果变化规律如图 4 – 14 所示。

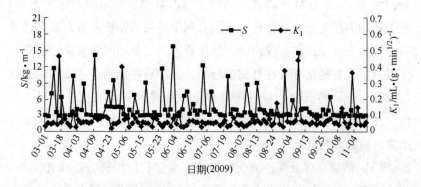

图 4 – 14 顾（南区）试验目标煤层敏感指标变化规律

钻屑瓦斯解吸指标 K_1 可作为辅助敏感指标。但由于现场测点和时间较少，测定数据受到一定的局限性，且实验矿井大部分地区都已采取了防突技术措施，其敏感性和临界指标还有待进一步验证。

5 煤层敏感指标预测钻孔施工与
合理封孔深度确定

超前钻孔预测防突必须有正规的措施设计，防突预测钻孔设计应包括超前钻孔布置平面图、剖面图、开孔位置图等，并应在图上标明钻孔编号和有关尺寸，钻孔编号、开孔位置、偏角或方位角、倾角、设计深度、孔径等，设计的依据（排放半径、控制范围等）、技术要求、注意事项、施工安全措施和其他需要说明的问题，设计依据《煤矿安全规程》、《防治煤与瓦斯突出细则》及各种相关文件规定等。预测钻孔的合理封孔深度不仅是瓦斯抽放的一个重要环节，而且是提高瓦斯抽放效率的关键。

5.1 煤层预测钻孔封孔工艺

根据国家安全生产行业强制性标准 AQ 1026—2006《煤矿瓦斯抽采基本指标》规定：突出煤层工作面采掘作业前必须将控制范围内煤层的瓦斯含量降到煤层始突深度的瓦斯含量以下或将煤层的瓦斯压力降到煤层始突深度的瓦斯压力以下。若未能考察出煤层始突深度的煤层瓦斯含量或压力，则必须将煤层瓦斯含量降到 $8m^3/t$ 以下，或将瓦斯压力降到 0.74MPa 以下。采用顺煤层平行扇形钻孔对回采工作面的煤层进行预抽和边采边抽等措施，以减少回采工作面在回采时的瓦斯涌出量，保证安全高效回采。因此，合理地确定顺煤层平行钻孔的合理封孔长度等参数，是瓦斯敏感突出指标预测效果好坏的基础。

5.1.1 预测钻孔基础参数

采用合理测定"三带"的方法,在顾(南区)1117(3)工作面进行了试验,通过数值模拟软件的模拟,得出了工作面预抽钻孔的合理封孔深度,从而为高效实现瓦斯抽放打下坚实的基础。

巷道的基础参数包括:巷道的方位、断面、掘进及支护方式;煤层产状、厚度;巷道平、剖面图。钻孔的控制范围即两帮控制到巷道轮廓线外5m的煤层;煤巷掘进工作面,上、下控制到巷道顶底板;石门揭煤工作面上、下控制到距煤层顶(底)板法距3m以外。

钻孔的基础参数包括:钻孔的开孔位置,钻孔的行距(岩孔大于300mm,煤孔大于400mm);钻孔的列距(岩孔大于300mm,煤孔大于400mm)。钻孔的孔底间距不大于2r(r为实际考察的钻孔有效的抽采半径,有效抽采半径暂按2~3m布置)。

(1)钻孔直径的确定。钻孔直径大,钻孔暴露煤的面积也大,则钻孔瓦斯涌出量也较大。测定结果表明,钻孔直径由73mm提高到300mm,钻孔的暴露面积增至4倍,而钻孔抽采量增加到2.7倍。钻孔直径应根据钻机性能、施工速度与技术水平、抽采瓦斯量、抽采半径等因素确定,目前抽采瓦斯钻孔的直径一般为60~110mm。

(2)钻孔深度的确定。实测结果表明,单一钻孔的瓦斯抽采量与其孔长基本成正比例关系,因此在钻机性能与施工技术水平允许的条件下,尽可能采用长钻孔以增加抽采量和效益。目前高突掘进工作面一般使用SGZ-Ⅰ型钻机,掘进迎头的钻孔深度可施工16~20m,巷道两帮钻场内的钻孔深度可施工50m;高瓦斯回采工作面一般使用MK系列钻机,钻孔深度可施工150m。

(3)钻孔有效排放半径的确定。钻孔的有效排放半径是指在规定的排放时间内,在该半径范围内的瓦斯压力或瓦斯含量降到安全容许值。钻孔排放瓦斯有效半径取决于钻孔排放瓦斯的目的,如果为了防突,应使钻孔有效范围内的煤体丧失瓦斯突出能力;如果为了防瓦斯浓度超限，应使钻孔有效范围内的煤体瓦斯含量或瓦斯涌出量降到通风可以安全排放的程度。因此钻孔排放瓦斯半径可根据瓦斯压力或瓦斯流量的变化来确定。根据测定，钻孔有效排放半径一般为 0.5 ~ 1.0m，钻孔的有效抽采半径一般为 1.0 ~ 2.0m。

（4）钻孔间距的确定。钻孔孔底间距应小于或等于钻孔有效排放半径的 2 倍，表 5-1 列出了钻孔间距参考值，抽采时间短而煤层透气性系数低时取小值，否则取大值。

表 5-1　钻孔间距选用参考值

煤层透气性系数/m² · (MPa² · d) $^{-1}$	钻孔间距/m
< 10^{-3}	
10^{-3} ~ 10^{-2}	2 ~ 5
10^{-2} ~ 10^{-1}	5 ~ 8
10^{-1} ~ 10	8 ~ 12
> 10	> 10

5.1.2　穿层预测钻孔的设计

强突出煤层和严重突出危险区煤巷掘进，必须在底（顶）板巷道穿层钻孔超前掩护下施工，穿层钻孔控制范围为巷道及轮廓线外 20m，钻孔穿透煤层，进入煤层顶底板不少于 0.5m，间距（煤层中厚面处）不大于 5m。

设计时钻孔的开孔位在巷道中线，根据钻机高度，开孔高度按 1m 设计，这样就能确定开孔位置。假设穿层孔所保护巷道宽度为 B。根据穿层钻孔设计要求，穿层需控制到巷道两帮 20m 范围，穿层钻孔需控制 $20 + B$ 的范围，钻孔与煤层中厚面交点的距离按 4m 设计，扣除两帮最外侧两个钻孔的有效抽采范围，即 $2r$（有效抽采半径 $r = 2m$）。

得出所需钻孔数 a 为：

$$a = (20 \times 2 + B - 2r)/4 + 1 \qquad (5-1)$$

例：顾（南区）—13-1煤层回风上山宽3.6m，自其西方11东三13-1煤层底板轨道下山向东三13-1煤层回风上山施工穿层钻孔。根据上述公式，计算得出所需钻孔数为11个。13-1煤层回风上山施工穿层钻孔布置如图5-1所示。

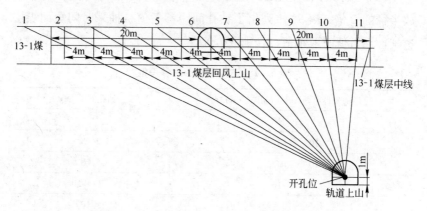

图5-1 13-1煤层回风上山施工穿层钻孔布置

从图上量出孔深、倾角、钻孔施工时的方位角——与轨道上山中线夹角90°（中线右侧的为右偏，相反为左偏）。整理得出钻孔施工参数表，如表5-2所示。

表5-2 钻孔施工参数表

孔号	孔深 /m	孔径 /mm	倾角 /(°)	与巷道中线夹角/(°)	备 注
1	47	75~91	24	90（左偏）	穿过13-1煤顶0.5m后终孔
2	42.5	75~91	26	90（左偏）	穿过13-1煤顶0.5m后终孔
3	38.5	75~91	29	90（左偏）	穿过13-1煤顶0.5m后终孔
4	34.5	75~91	32	90（左偏）	穿过13-1煤顶0.5m后终孔
5	31	75~91	37	90（左偏）	穿过13-1煤顶0.5m后终孔
6	27	75~91	43	90（左偏）	穿过13-1煤顶0.5m后终孔
7	24	75~91	50	90（左偏）	穿过13-1煤顶0.5m后终孔

孔号	孔深 /m	孔径 /mm	倾角 /(°)	与巷道中线 夹角/(°)	备 注
8	21.5	75 ~ 91	58	90（左偏）	穿过 13 - 1 煤顶 0.5m 后终孔
9	19.5	75 ~ 91	69	90（左偏）	穿过 13 - 1 煤顶 0.5m 后终孔
10	18	75 ~ 91	81.5	90（左偏）	穿过 13 - 1 煤顶 0.5m 后终孔
11	18	75 ~ 91	85	90（右偏）	穿过 13 - 1 煤顶 0.5m 后终孔

5.1.3 钻孔的封孔工艺

对成孔效果好、服务期不长的钻孔可用机械式封孔器（施工方便，封孔器可重复使用）；对于煤岩强度不高、封孔深度较长的钻孔可用充填材料封孔。关于封孔长度，岩石孔一般不少于 2 ~ 5m，煤孔一般不少于 4 ~ 10m。

目前较常用的是 CPW - Ⅱ 型矿用封孔器。使用时将封孔器送入钻孔内，然后用高压水管向封孔器里注水，使之产生径向膨胀将钻孔封闭。此种封孔适用于成孔效果较好的钻孔，若用于成孔效果不好的钻孔时，由于钻孔形状难以保持规则的圆形及孔壁破碎，封孔效果往往不好。

充填材料封孔用于钻孔形状规则或不规则的岩孔和煤孔中，充填材料封孔方法主要有水泥、砂浆封孔和聚氨酯封孔等。

聚氨酯封孔具有密封性好、硬化快、质量轻、膨胀性强的优点。它由甲、乙两组药液混合而成，甲组液占总重的 37.52%，乙组液占总重的 62.48%。封孔时，按比例将甲、乙两组药液倒入容器内混合搅拌 1min，当药液由原来的黄色变为乳白色时，将混合液倒在塑料编织带上并缠在抽采管上送入钻孔，经 5min 开始发泡膨胀，逐渐硬化成聚氨酯泡沫塑料，它在自由空间内约膨胀 20 倍，在钻孔内可借此膨胀性能将钻孔密封。

封孔材料：聚氨酯、水泥、13.2cm（4 寸）注浆（返浆）管、

φ6.6cm（2寸）双抗管、φ6.6cm（2寸）双抗管（花管）、φ6.6cm（2寸）铁管、彩条布或编织袋。

封孔工艺及方法分为两种。

（1）倾角小于30°钻孔。采用聚氨酯两头封堵，中间注水泥浆封堵，下6.6cm（2寸）封孔管20m，注浆长度14m，返浆管16m，注浆管2m。

具体方法为：终孔起钻用压风排尽孔内煤岩粉，最前面下花管2根（4m）、中间双抗管7根（14m）、孔口铁管1根（2m）。

1）首先将封孔管及聚氨酯准备好，套管用管箍连接紧密。下花管后向第1根双抗管绑扎的彩条布倒入配置好的聚氨酯黑白各10袋，迅速塞进孔内。

2）与塞进孔内双抗管依次连接6根双抗管并绑扎连接好的7根（14m）返浆管，再次塞进孔内。

3）把绑扎彩条布的铁管与孔内双抗管用管箍连接紧密，同时与孔内7根（14m）返浆管再连接1根（2m）返浆管，下1根（2m）注浆管，倒入配置好的聚氨酯黑白各10袋，迅速塞进孔内，返浆管、注浆管孔口预留200mm，封孔铁管孔口预留200mm，返浆管管口安设三通并安装压力表及闸阀。待聚氨酯充分发酵后，使用ZBL3/4-7.5煤矿用漏斗下料注浆泵并与注浆管连接，水灰比（质量比）控制在0.7：1，保持注浆压力4MPa，注满后关闭返浆管，持续保压10min。

（2）倾角大于或等于30°的钻孔。采用聚氨酯封堵孔口，预留1根（2m）注浆管压注水泥浆封堵，下封孔管20m，注浆长度16m。

具体方法为：终孔起钻用压风排尽孔内煤岩粉，向孔底下花管2根（4m），向孔内下双抗管7根（14m）、孔口铁管1根（2m）。首先将封孔管及聚氨酯准备好，依次下入9根（18m）双抗管用管箍连接紧密，孔口铁管与双抗管连接紧密，在铁管靠近孔口200mm处向孔内方向绑扎彩条布或编织袋1m，倒入黑白聚氨酯各10袋，并充分搅拌，下1根（2m）注浆管，迅速塞入孔内，返浆管孔口预留

200mm，封孔铁管孔口预留 200mm。待聚氨酯充分发酵后使用 ZBL3/4 - 7.5 煤矿用漏斗下料注浆泵并与注浆管连接，水灰比（质量比）控制在 0.7 : 1，进行压注配比好的水泥浆，待浆液从套管返浆后关闭注浆管闸阀，注浆结束。

对于设计见煤深度低于 20m 并且施工中实际见煤深度低于 20m 的钻孔采取以下方式封孔：实管下到 C13 - 1 见煤深度，花管下到 C13 - 1 煤止深度，封孔深度不低于 12m，其他工艺不变。

使用 ZBL3/4 - 7.5 煤矿用漏斗下料注浆泵对钻孔进行注浆封孔，现场配备搅拌桶，每 25L 标注 1 个刻度，搅拌桶容积大于 150L。

封孔前、封孔后联系验收人员检测记录孔内瓦斯浓度。封孔时套管外端裹药长度不少于 0.5m，确保注浆时不漏液，返浆管弄弯位于套管上方，注浆管位于套管下方，以示区别。套管丝扣要完好，根据封孔深度要求预先配好，按要求将套管上满丝扣连接牢靠后，依次下入孔内，封孔管统一外露 200mm。

注浆时水泥浆要搅拌均匀，呈糊状，注浆前，先检查注浆管路，接头是否连接可靠，管路是否固定牢固，各高压管接头必须使用正规 U 形卡连接并确保连接紧密可靠，确认安全后方可施工；水灰比（质量比）控制在 0.7 : 1 之间，返浆后及时将连接注浆管的闸阀关闭或扎牢胶管；注浆完成后及时冲洗干净注浆泵，将现场环境清理干净，将洒在抽采管上的水泥浆液冲洗干净。

封孔时人员站立于孔口两侧，严禁人员对着孔口站立。将聚氨酯倒入编织袋或彩条布后，施工人员要迅速将套管塞入孔内，防止搁置时间久，聚氨酯膨胀，不能塞入孔内或部分塞入，造成钻孔报废。

5.2　煤层巷道"三带"的确定

由于煤层内存在大量的构造裂隙发育，尤其是在受采动影响较大的煤体内，裂隙也会更发育，所以，确定合理的封孔深度对瓦斯抽放来说具有十分重要的意义。如果封孔深度太浅，封孔长度不能超过巷道的应力集中带，在负压作用下，钻孔可以通过裂隙与外部空间形成回路循环，导致空气经裂隙进入钻孔内，进而使瓦斯抽放浓度降低，钻孔瓦斯抽放时间缩短，更甚者抽不到瓦斯。因此，合理地确定巷道的"三带"范围是合理确定封孔深度的关键。

沿煤层掘进巷道后，巷道周围煤体由外向里依次形成卸压带、应力集中带和原始应力带（简称为巷道"三带"）。在卸压带内，煤层得到较充分的卸压，同时会形成大量的贯穿裂隙，巷道内的空气会经卸压带的贯穿裂隙被抽入钻孔，从而降低瓦斯抽放浓度和瓦斯抽放效果。煤体应力的变化会造成不同深度煤体的钻屑量变化，因此，采用向巷帮打钻的方法，测定不同深度煤体的煤屑量 S 和 K_1 值，可以初步确定巷道卸压带、应力集中带和原始应力带的分布深度，从而确定合理的钻孔封孔深度。

5.2.1 "三带"的测定原理

在"三带"范围内，应力的变化会引起作用煤体的物理特性的改变而形成塑性变形区和弹性变形区，导致在相同作用力破坏下的煤体在不同部位所产生的碎粒煤量是不同的，因此，通过测定煤屑量 S 值就能够推算出巷道应力"三带"的分布区域。另外，巷道周围的煤体受采掘影响和破坏，导致赋存瓦斯煤体的物理特性发生改变，煤体透气性增加，从而导致不同区域的瓦斯涌出量不同。因此，可以通过测定煤屑瓦斯解吸量 K_1 来确定巷道应力集中带的范围。

5.2.2 应力集中带的测定方法

在 1117（3）掘进工作面运输顺槽迎头及其后方每隔 30m 选择 5 个地点，在每个地点用煤电钻向两帮施工两个 $\phi42mm$ 顺煤层钻孔，单孔长度为 10m。

在钻孔施工过程中，每钻进 1m，用弹簧秤测定一次钻屑量 S 和用 WTC 型煤屑瓦斯解吸仪测量钻屑瓦斯解吸指标 K_1 值；关于"三带"测定结果：钻屑量 S 随钻孔钻进深度的变化如表 5-3 所示；K_1 值随钻孔钻进深度的变化如表 5-4 所示。

表 5-3 钻屑量 S 随钻孔钻进深度的变化

参 数	孔号	钻 孔 深 度									
		1m	2m	3m	4m	5m	6m	7m	8m	9m	10m
钻屑量 S /kg·m^{-1}	1	1.2	1.1	1	0.8	0.6	0.5	0.4	0.7	1.2	0.6
	2	1.4	1.2	1.2	1.1	0.9	1	1.1	1	1.4	0.85
	3	1.9	1.6	1.4	1.4	1.2	1.2	1.3	1.2	1.6	1.8
	4	2.5	2.1	1.9	2.1	1.9	1.6	2.1	1.8	1.9	1.9
	5	2.9	2.6	2.3	2.4	2.3	2	2.2	2.2	2.3	2.6
	6	3.2	3.1	2.9	2.8	2.8	2.6	2.6	2.6	2.9	3.2
	7	3.5	3.2	3.1	3.1	3	2.9	3	2.8	3.4	3.8
	8	3.6	3.4	3.2	3.3	3.1	3.1	3.2	3.1	3.6	3.9
	9	3.8	3.7	3.4	3.1	3.5	3.5	3.7	3.7	3.4	3.5
	10	3.5	3.4	3.3	3.5	3.4	3.7	3.1	3.2	3.7	3.3

表 5-4 K_1 值随钻孔钻进深度的变化

参 数	孔深 /m	钻 孔 号									
		1	2	3	4	5	6	7	8	9	10
K_1 /mL·(g· min$^{1/2}$)$^{-1}$	2	0.05	0.01	0.03	0.01	0.04	0.04	0	0.02	0.08	0.01
	4	0.08	0.02	0.04	0.01	0.07	0.03	0.12	0.02	0.19	0.32
	6	0.08	0.03	0.08	0.01	0.1	0.05	0.11	0.06	0.02	0.19
	8	0.02	0.07	0.1	0.04	0.07	0.01	0.06	0.07	0.06	0.07
	10	0.03	0.01	0.03	0.02	0.04	0.03	0.08	0.1	0.01	0.05
	12	0.06	0.04	0.45	0.05	0.04	0.04	0.05	0.08	0.07	0.06
	14	0.09	0.02	0.06	0.06	0.04	0.03	0.04	0.4	0.09	0.04
	16	0.09	0.04	0.06	0.06	0.06	0.04	0.05	0.4	0.09	0.04
	18	0.06	0.04	0.35	0.05	0.03	0.05	0.06	0.08	0.07	0.06
	20	0.09	0.06	0.06	0.06	0.03	0.02	0.05	0.4	0.09	0.04

根据以上测定的数据，利用数值模拟软件绘制了每个钻孔的钻屑量 S 随深度变化的曲线（见图 5 - 2）和每个钻孔的 K_1 值随深度变化的曲线（见图 5 - 3）。

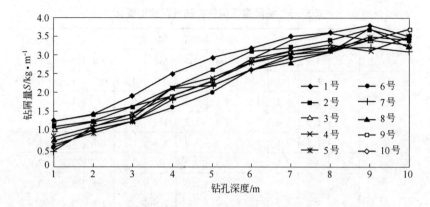

图 5 - 2 各钻孔钻屑量 S 随深度变化图

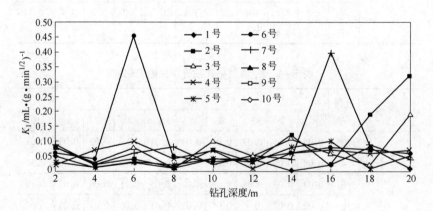

图 5 - 3 各钻孔 K_1 值随深度变化图

由图 5 - 2 可以看出，钻屑量 S 在 1 ~ 9m 有逐渐增加的整体趋势，而钻屑量 S 取最大值所处的区域为：（$8m \leqslant x \leqslant 10m$；$3kg/m \leqslant y \leqslant 3.9kg/m$），即单一考虑钻屑量 S 因素，合理封孔深度应为 9m。

由图 5 - 3 可以看出，瓦斯解析指标 K_1 值不能够明显地表示出

"三带"的具体位置，因此 K_1 值不能作为确定合理封孔深度的主要指标，但可以作为一个辅助指标。

对某一区域来说，上述两个参数 S、K_1 反映的物理参数敏感性可能存在着差异，S 值主要表示煤层应力集中程度大小，部分反映煤的强度性质；K_1 表示煤层瓦斯大小及其释放速度的快慢，两者分别从地应力和瓦斯的角度反映了煤层的性质，可以考虑结合两者来确定合理的封孔深度。结合矿山岩石力学实际情况，作出如下分析：

图 5-2 反映的原始应力区在巷道往里 9m 以内的区域，为了提高封孔的效果，防止抽放漏气，结合该矿煤层构造裂隙发育的特点，确定合理封孔长度为 9m。

图 5-3 所反映的原始应力区变化范围比较大，原始应力区不易确定。主要考察钻屑量 S 指标，把瓦斯解析指标 K_1 值作为参考指标，最终确定顾桥矿 1117（3）工作面预抽钻孔的合理封孔深度为 9m。

5.2.3 瓦斯敏感指标抽放试验

本次试验地点选在北一 13-1 采区煤层回风下山（二）掘进工作面，钻孔布置如图 5-4 所示，钻孔布置参数如表 5-5 所示。

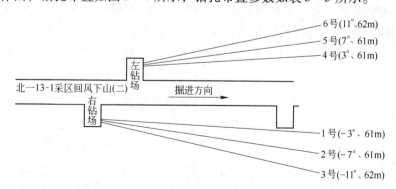

图 5-4 北一 13-1 采区回风下山掘进工作面边抽边掘钻孔布置图

表 5 – 5　钻孔布置参数

	右 帮 钻 场		
孔号	1	2	3
倾角/(°)	0	0	0
方位角/(°)	−3	−7	−11
孔径/mm	≥108	≥108	≥108
孔长/m	61	61	62

为考察不同封孔深度的抽放效果，在钻孔抽放负压等参数基本不变的情况下，选取右帮钻场的三个钻孔进行分析对比，具体情况如表5 – 6所示。

表 5 – 6　不同封孔长度的抽放效果对比

钻孔号	封孔深度/m	封孔材料	抽放负压/kPa	瓦斯浓度/%	抽放瓦斯纯量/$m^3 \cdot min^{-1}$
1	6	马丽散	15	42.1	0.32
2	9	马丽散	15	72	0.51
3	10	马丽散	15	72.40	0.52

通过实际测量"三带"的影响范围以及具体的抽放论证，确定了1117(3)抽放钻孔的合理封孔长度为9m；通过比较S值和K_1值的影响范围，得出了钻屑量S值可以作为考察煤体"三带"的首要指标，瓦斯解析指标K_1值可以作为参考指标。

在相同的抽放条件下，采用由计算确定的封孔长度抽出的瓦斯浓度提高了26.3%，抽放量提高了58.1%；用计算确定钻孔封孔长度的方法，在该矿的预抽瓦斯以及边采边抽等抽放工艺中得到了很好的运用，提高了抽放瓦斯浓度与效率。

6 试验区煤层采掘突出敏感 预测指标临界值

随着矿井开采深度的延伸，瓦斯灾害问题日益严重，煤与瓦斯突出现象也日益显现。顾（南区）–796m 11–2 煤层为突出煤层，目前开采的 11–2 煤层目前虽然没有发生煤与瓦斯动力现象，为保证安全起见，对 11–2 煤层也按突出危险煤层进行管理。因此，在顾（南区）–796m 11–2 和 13–1 煤层开展采掘突出预测指标工业性试验。

6.1 采掘敏感指标及临界值现场测定与考察

本次试验选择在顾（南区）–796m 11–2 煤西翼回风上山、1411（1）运输顺槽、–796m 南二 11–2 底板回风大巷、潘井的 C13–1、B11–2、B8 煤层等地点进行。

2009 年 6 月 18 日~7 月 18 日，在顾（南区）–796m 11–2 煤西翼回风上山、1411（1）运输顺槽、–796m 南翼 13–1 底板回风大巷等地点采取煤样，由安徽理工大学实验室测定该区域煤的瓦斯放散初速度指标 Δp 及煤的坚固性系数 f 值，采用综合指标 D、K 值对该区域的突出危险性进行预测。11–2 煤层敏感指标及临界值现场测定考察结果见表 6–1。

表 6–1 11–2 煤层突出危险性指标测定结果

工 程 地 点	坚固性系数 f	放散初速度 Δp	突出综合指标 K
–796m 11–2 煤西翼回风上山	0.532	9.82	8.89
–796m 1411（1）运输顺槽	0.51~0.80	4.0~7.2	4.21
南翼 11–2 采区轨道石门	0.71	2.13	4.26

11 - 2 煤层突出危险性综合指标值 K 在 4.21 ~ 11.4 之间，实际 $K = 8.89 < 15$，$D = 1.19 > 0.25$，11 - 2 煤层整体而言虽然呈规则的层状构造，但节理发育，断口参差多角。实验室煤样测定结果表明：煤层坚固性系数 $f = 0.532 > 0.5$，瓦斯放散初速度 $\Delta p = 9.82 < 10$。其破坏类型 II 类，11 - 2 煤层属于非突出煤破坏类型，在掘进揭煤过程中未出现过喷孔、顶钻现象，且进行工作面单项指标预测时的最大值分别为：11 - 2 煤预测值 $S_{max} = 4.4 < 6 \text{kg/m}$、$K_1 = 0.43 < 0.5 \text{mL/} (\text{g} \cdot \text{min}^{1/2})$，小于临界指标。

注：任何一次预测结果中若 $K_1 \geqslant 0.4 \text{mL/} (\text{g} \cdot \text{min}^{1/2})$、$S_{max} \geqslant 6.0 \text{kg/m}$ 或 $q_{max} \geqslant 4 \text{L/min}$，此工作面即定性为突出危险工作面。

通过测定，该矿 11 - 2 煤层瓦斯压力最大为 1.25MPa，但其他综合指标均小于临界指标，按新颁布的《防治煤与瓦斯突出细则》的第 26 条规定，该矿现揭露地点区域 11 - 2 煤层被鉴定为突出危险煤层。

6.2 掘进工作面突出预测（效果）检验数据分析

6.2.1 11 - 2 南翼回风斜巷石门突出预测（效检）数据考察

南翼回风斜巷石门 2009 年 5 月开始掘进，2009 年 8 月开始采取"四位一体"综合放突措施进行跟踪考察敏感指标。自 2009 年 8 月至 2009 年 10 月，跟踪巷道 230m，共进行突出预测（效检）42 次，有 6 次预测工作面有煤与瓦斯突出危险，指标预测结果变化曲线如图 6 - 1 所示。

从图 6 - 1 中可以看出，钻孔瓦斯涌出初速度 q 有 4 次超限最大为 11.195L/min；钻屑量 S 有 4 次超限，最大值为 34kg/m；钻屑瓦斯解吸指标有两次超限，最大值为 270Pa。三个指标的最大值都在 8 月 11 日的预测中测得，此次预测后掘进至 16m 时，遇到一个落差 1.9m

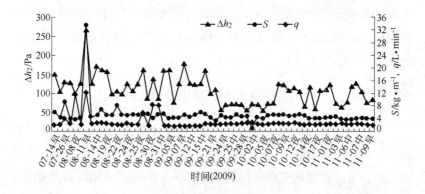

图 6-1 11-2 南翼回风斜巷石门突出预测（效检）指标变化曲线图

的小断层。6 次预测有突出危险中 2 次有喷孔、响煤炮动力现象，因而认为真正有突出危险次数为 2 次。

6.2.2 -796m 南 13-1 底板回风大巷突出预测（效检）数据考察

为了更加准确地分析敏感度指标，收集了 -796m 南翼 13-1 底板回风大巷预测（效检）数据。-793m 南翼 13-1 底板回风大巷预测（效检）采用钻屑量 S 和钻孔瓦斯涌出初速度 q 两个指标，其预测（效检）数据变化曲线见图 6-2 所示。

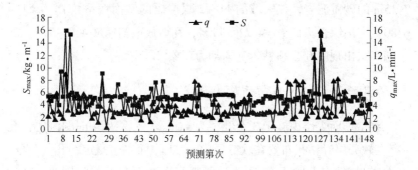

图 6-2 -793m 南翼 13-1 底板回风大巷突出预测（效检）指标变化曲线图

从图 6-2 中可以看出，钻孔瓦斯涌出初速度 q 有 36 次超限最大为 15.5L/min；钻屑量 S 有 2 次超限，最大值为 1.589kg/m。预测过程中只有一次记录有动力现象，因而认为真正有突出危险次数为一次。

6.2.3 南二 11 -2 煤回风大巷掘进突出预测数据考察

南二 11 -2 煤回风大巷（一）巷道设计全长约 1613m（平距），起止标高：-762.8 ~ -792.8m，施工位置：角度 3°，跟随 11 -2 煤层顶板掘进。锚梁网支护：净宽×净高 =5000mm×4000mm，架棚支护：净宽×净高 =5000mm×4400mm。综掘机掘进。

工作面绝对瓦斯涌出量预计在 3.0m³/min 左右。工作面采用 2 台 2×55kW 局部通风机通风，1 路 ϕ800mm 和一路 ϕ1000mm 胶质阻燃风筒向工作面供风。另设置 2 台 2×55kW 局部通风机搭另一路电源进行备用。掘进巷道及其回风巷道内的电气设备实现"三专两闭锁"。

11 -2 煤层在南二采区发育，但在井底车场附近受构造影响厚度变化大，钻孔揭露厚度为 1.69 ~3.0m，平均 2.75m，倾角 4°~8°。该煤层为黑色，粉末状，夹含块状及亮煤条带，属半亮 ~半暗型煤，其结构简单。直接顶为 3.2 ~4.8m 的粉砂质泥岩或泥岩；直接底为 7.15m 的砂质泥岩。该区域的 11 -2 煤层煤的坚固性系数 f = 0.51 ~ 0.80，突出综合指标 K = 4.21 ~11.4，瓦斯放散初速度 4.0 ~7.2，施工期间未出现喷孔、顶钻等瓦斯动力现象。

6.2.3.1 钻屑解吸指标 K_1 值测定

在工作面煤层内施工 3 个孔径为 42mm、孔深为 10m 的测定钻孔（存在软分层时钻孔布置在软分层中），工作面左边测定钻孔（1 号）和右边测定钻孔（3 号）开孔位置距巷道左帮和右帮分别为 0.5m，终孔位置距巷帮轮廓线外 3.0m。工作面中间测定钻孔（2 号）开孔位置位于工作面煤层中部，钻孔施工采用 ϕ42mm 的钻头钻进，螺旋钻杆排渣，速度控制在 1m/min 左右，钻进速度应均匀。

每钻进 2m 测定 1 次钻屑解吸指标 K_1 值，对 K_1 值采用 WTC 瓦斯突出参数仪严格按操作规程进行测定，取测定的最大值记为该钻孔的钻屑瓦斯解吸值。

6.2.3.2 钻屑量指标 S_{max} 测定

利用钻屑瓦斯解吸指标 K_1 测定孔同时进行钻屑量指标 S_{max} 测定。使用弹簧秤测定钻屑量指标 S_{max}。钻孔每施工 1m 测定一次钻屑量，取测定的最大值作为该钻孔的钻屑量测定值。

6.2.3.3 钻孔瓦斯涌出初速度 q 测定

对每个钻孔在 5.5 ~ 6.5m 之间测定一个钻孔瓦斯涌出初速度 q 值作参考。

工作面煤层赋存发生变化时钻孔参数根据实际情况进行调整。当迎头有软分层时，钻孔布置在软分层中。两帮钻孔终孔位置控制在巷帮轮廓线外 3.0m。南二 11 - 2 煤回风大巷（一）掘进瓦斯参数测定钻孔参数如表 6 - 2 所示。

表 6 - 2　南二 11 - 2 煤回风大巷（一）掘进瓦斯参数测定钻孔参数表

孔号	孔径 /mm	钻孔与巷中线夹角/(°)	钻孔倾角	开孔水平位置	孔深 /m
1	42	20.5（左偏）	与巷道煤层倾角一致	工作面煤层中部，距巷帮 500mm	10
2	42	0	与巷道煤层倾角一致	工作面煤层中部，巷中	10
3	42	20.5（右偏）	与巷道煤层倾角一致	工作面煤层中部，距巷帮 500mm	10

设计要求迎头排放孔开孔高度为 1.5m，开孔间距为 0.6m，孔径

为 108mm，孔深（掘进方向投影距）不小于 31m 或见岩，并保持不少于 10m 的超前距，施工期间如果出现钻孔不出风、不排渣，必须调整开孔高度后重新施工，如果是与巷帮抽采孔沟透，必须用黄泥堵紧（封堵深度不小于 500mm）。

巷帮钻孔开孔高度为 1.0 ~ 1.6m 左右，孔径为 108mm，孔深（掘进方向投影距）不小于 60m 或见岩，并保持不少于 10m 的超前距（两帮钻孔均保持此超前距），施工期间如果出现钻孔不出风、不排渣，必须调整开孔高度后重新施工。

钻场每施工结束一个钻孔，必须及时用聚氨酯进行封孔，封孔深度 8 ~ 10m，封孔管径不小于 3.3cm(2 寸)，封孔管外露长度为 100 ~ 150mm，封完后如果孔口瓦斯较大，则用木塞等对封孔管口进行封堵，反之则无须处理，继续施工下一个钻孔，待一个钻场的 3 个孔施工完毕全部封孔后，进行集中合茬抽采。南二 11 - 2 煤层回风大巷（二）巷帮钻场、钻孔施工布置如图 6 - 3 所示。

6.2.3.4 预测方法和依据

工作面开始掘进前即开始测定钻屑瓦斯解吸指标 K_1 值、钻屑量指标 S_{max} 和钻孔瓦斯涌出初速度 q 值。巷道掘进期间执行循环预测，即工作面掘进期间测定钻屑解吸指标 K_1 和钻屑量指标 S_{max}，若预测（效检）结果中 K_1 值均小于 0.4mL/($g \cdot min^{1/2}$)、S_{max} 均小于 6.0kg/m、q 值均小于 4L/min，此工作面即定性为无突出危险工作面，保留不少于 2m 超前距循环测定。

任何一次预测结果中若 K_1 值 ≥ 0.4mL/($g \cdot min^{1/2}$) 或 $S_{max} \geq 6.0$kg/m、$q_{max} \geq 4$L/min，此工作面即定性为突出危险工作面。预测结论为突出危险工作面时，工作面必须立即停止掘进，根据具体指标超标情况，来施工排放钻孔或施工巷帮钻场抽采，并通过效果检验确定安全后方可继续进尺。

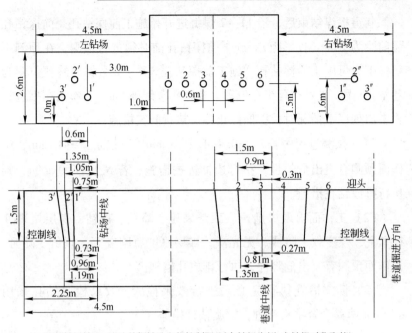

巷帮钻场钻孔、迎头前探钻孔方位控制图(以左钻场为例，右钻场对称取值)

(a)

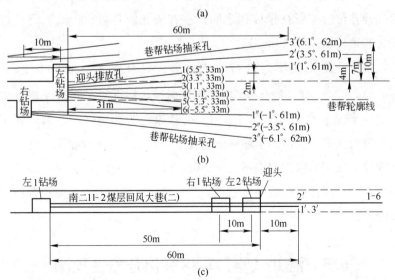

(b)

(c)

图 6-3 南二 11-2 煤层回风大巷（二）巷帮钻场、钻孔施工布置图

（a）断面图；（b）平面图；（c）剖面图

巷道揭煤结束后,沿 11 - 2 煤掘进开始施工前探钻孔。前探钻孔超前距为 10m(投影距)。施工前探钻孔前必须进行预测,在预测不超标下方可施工前探钻孔。施工前探钻孔 3 个,2 号钻孔终孔位置为巷中,1 号、3 号钻孔终孔位置为巷道轮廓线外 8m。工作面在掘进过程中出现以下情况时,立即停止掘进执行防突措施:

(1)预测过程中若 $K_1 \geqslant 0.4 \text{mL}/(\text{g} \cdot \text{min}^{1/2})$ 或 $q_{max} \geqslant 4\text{L}/\text{min}$,工作面预测有突出危险性,执行边抽边掘措施;若 $S_{max} \geqslant 6.0\text{kg}/\text{m}$,则执行排放钻孔措施。

(2)工作面出现煤炮声、顶帮来压、喷孔、顶钻、煤层层理变得紊乱,煤变软、暗淡、无光泽,煤层厚度急剧变大、倾角变陡时,工作面预测有突出危险性,执行排放孔措施。

(3)防突措施执行完必须进行效果检验,效果检验钻孔采用 $\phi 42\text{mm}$ 两翼合金钻头钻进,螺旋钻杆排屑。

(4)布置效果检验钻孔 3 个,巷中 1 个,巷道两帮各 1 个。(效验孔开孔位置布置在排放孔之间,左右两孔距巷帮 500mm,终孔位置为巷道轮廓线外 3.0m。)

排放孔施工完毕后进行效果检验,只有在 $K_1 < 0.4 \text{mL}/(\text{g} \cdot \text{min}^{1/2})$ 且 $S_{max} < 6.0\text{kg}/\text{m}$ 后方可进行掘进。掘进时,同时保持不少于 10m 排放钻孔超前距和不少于 2m 效果检验孔超前距。掘进到位后,进行预测,在指标不超标的情况下再施工一次排放钻孔。任何一次排放孔施工后测定时若 $S_{max} \geqslant 6.0\text{kg}/\text{m}$ 或 $K_1 \geqslant 0.4\text{mL}/(\text{g} \cdot \text{min}^{1/2})$ 必须在测定超标点附近补打钻孔,然后再进行效检,直至效检合格方可恢复进尺。

6.3 潘井试验目标区突出危险性预测

瓦斯测试结果如表 6 - 3 所示。

表 6 - 3 瓦斯测试结果一览表

煤层	水平	瓦斯成分/%			瓦斯含量/$m^3 \cdot t^{-1}$	
		N_2	$CH_4 + C_2H_6$	CO_2	$CH_4 + C_2H_6$	CO_2
13 - 1	-600m 以浅	4.68 ~ 88.32	4.96 ~ 92.27	1.82 ~ 42.10	0.10 ~ 13.32	0.07 ~ 0.66
		37.53	53.37	8.86	4.37	0.40
	-600m 以深	5.55 ~ 40.31	57.85 ~ 88.64	1.76 ~ 6.10	3.28 ~ 7.51	0.16 ~ 0.51
		17.23	79.04	3.73	5.53	0.30
11 - 2	-600m 以浅	16.72 ~ 57.21	37.71 ~ 76.12	3.38 ~ 8.10	0.53 ~ 5.98	0.07 ~ 0.35
		27.56	66.94	5.45	2.91	0.21
	-600m 以深	0.19 ~ 55.80	3.54 ~ 98.20	1.61 ~ 59.70	0.05 ~ 12.85	0.08 ~ 2.21
		20.92	65.99	13.09	5.46	0.90
8	-600m 以浅	81.43 ~ 85.10	0.54 ~ 5.65	11.00 ~ 16.00	0.00 ~ 0.18	0.06 ~ 1.10
		83.29	2.92	13.79	0.10	0.48
7 - 2	-600m 以深	5.12	86.84	8.05	3.50	0.29
5 - 1	-600m 以浅	76.28 ~ 88.47	7.49 ~ 10.66	0.88 ~ 16.23	0.11 ~ 0.18	0.04 ~ 0.48
		82.37	9.07	8.55	0.14	0.26
	-600m 以深	82.59	6.94	10.46	0.07	0.12
4 - 2	-600m 以深	2.83	90.84	6.33	8.25	0.64
4 - 1	-600m 以浅	66.25 ~ 92.22	7.78 ~ 16.79	4.67 ~ 19.49	0.15 ~ 0.60	0.10 ~ 0.82
		79.90	12.94	12.40	0.35	0.40
	-600m 以深	9.81 ~ 81.54	2.95 ~ 82.95	4.38 ~ 15.89	0.05 ~ 7.44	0.05 ~ 1.09
		43.73	44.43	10.35	3.55	0.55
3	-600m 以浅	39.51 ~ 83.90	0.74 ~ 45.88	13.94 ~ 14.61	0.02 ~ 3.84	0.34 ~ 1.22
		61.70	23.31	14.27	1.93	0.78
	-600m 以深	75.46	7.86	16.68	0.10	0.26
1	-600m 以深	88.13	0.79	11.08	0.08	0.17

6.3.1 试验区揭煤快速测压

向钻孔内送入 M - 2 型胶囊黏液封孔器；向两个胶囊内注入水，保持水压比预计的瓦斯压力大 1.5MPa 左右；向两个胶囊之间注入黏液，保持黏液压力比预计的瓦斯压力大 0.3 ~ 0.5MPa 左右。

为了弥补打钻施工过程的瓦斯损失，向瓦斯室充入气体，压力在 1MPa 左右；2 ~ 3 天后，孔内瓦斯室的压力平衡，压力表上的数值不再改变，即可得到煤层的瓦斯压力。M - 2 型瓦斯压力测定仪连接如图 6 - 4 所示。

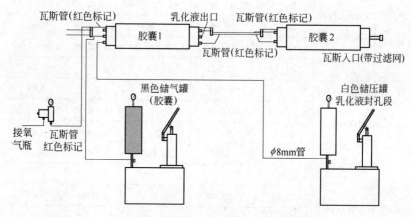

图 6 - 4 M - 2 型瓦斯压力测定仪连接示意图

钻孔封好后即进行瓦斯压力测定，其中 1 号钻孔在封完孔 5h，瓦斯压力就稳定到 1.8MPa；2 号钻孔在封完孔 4h，瓦斯压力就稳定到 1.7MPa，与预计的该区域 11 - 2 煤层的瓦斯压力基本相同。瓦斯压力变化曲线如图 6 - 5 所示。

测压孔开孔用 ϕ120mm 钻头钻进孔深 6m；测压孔终孔直径为 ϕ95mm；孔口管采用 ϕ110mm × 5mm 无缝钢管加工而成，孔口管设计长为 6m，孔口管一头焊接与其配套的 ϕ35mm 高压法兰盘。设计孔口管耐压 12MPa，封堵岩层底板裂隙注浆终压为 12MPa。设计一个瓦斯测压孔，钻孔直径 ϕ95mm，进入煤层内的深度超过 1m。测压钻孔施

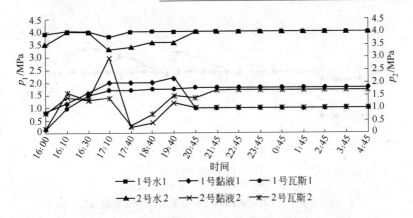

图 6-5　煤层瓦斯压力、水、黏液变化曲线图

工参数如表 6-4 所示。-530 ~ -800m B8 煤瓦斯测压钻孔布置如图 6-6 所示。

表 6-4　-530 ~ -800m B8 煤瓦斯测压钻孔施工参数

孔号	孔径/mm	倾角/(°)	方位/(°)	B8 煤深/m	孔深/m
1	95	+4	0	54.3	55.4

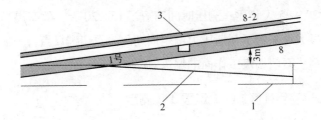

图 6-6　-530 ~ -800m B8 煤瓦斯测压钻孔布置示意图

1—掘进巷道；2—测压钻孔；3—B8 煤层

钻孔封好后即进行瓦斯压力测定，在封完孔 10h，瓦斯压力稳定到 1.86MPa，与预计的该区域 8 煤层的瓦斯压力基本相同。瓦斯压力变化曲线如图 6-7 所示。

在 -530 ~ -800m 东西翼石门揭 11-2 煤和 8 煤过程中，实施了快速测压技术，准确测定出 11-2 煤层和 8 煤层的原始瓦斯压力。在

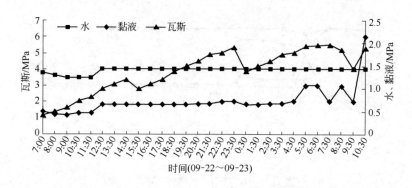

图 6-7 -530 ～ -800m B8 煤瓦斯压力变化曲线图

见煤 0.5m 后即停钻封孔，使煤体的暴露时间缩短，降低瓦斯的排放量。使用 M-2 型胶囊黏液封孔器进行封孔，利用固体状态的胶囊来封液体状态的黏液，然后通过液体状态的黏液再来封闭围岩，达到快速封孔的目的。

在揭 11-2 煤及 -530 ～ -800m B8 煤期间，采用快速测压技术从测压钻孔施工至测压结束，共用了 6 天左右时间。与以前瓦斯压力测定需 20 ~ 25 天相比，测压时间缩短了 15 ~ 20 天，效率提高了 5 倍以上，极大地缩短了瓦斯压力测定周期，为石门进尺赢得了大量的时间，提高了石门揭煤工作面的掘进效率。

6.3.2 试验目标区 13-1 煤层 Δh_2 测定

在工作面跟踪试验中以实际突出的发生确定指标临界值和敏感性，为此，在划分危险性时选取的原则为：实际突出次数；预测预报指标超标较大，有危险，采取措施（包括超前排放钻孔，慢掘甚至停掘等措施）后未发生突出；在打预测炮眼过程中，有动力现象（喷孔、卡钻、顶钻等现象）。除此之外，其他情况均属不突出工作面。

在试验目标区潘井 1541（3）上风巷、工作面运输巷、工作面运输巷出煤斜巷、2631（3）回作面运输巷等地点采集 5 组煤样（1 ~ 5

号），各筛分出粒度 $2 \sim 3mm$ 的煤样 $10g$，装入研制的 WT-05 型瓦斯解吸规律测定仪煤样瓶内进行突出临界状态试验，得出试验目标区 13-1 煤层突出预测指标 Δh_2 值的实验室参考临界值。瓦斯解吸规律测定仪测定结果如表 6-5 所示。

表6-5　瓦斯解吸规律测定仪测定结果

采集煤样号	测定目标煤层	试验区采样地点	$\Delta h_2/Pa$	备注
1	13-1	1531（3）上风巷	182	
2	13-1	1542（3）开切眼	180	距运输巷78m 处
3	13-1	1521（3）上风巷出煤斜巷	173	
4	13-1	2632（3）工作面运输巷	181	
5	13-1	2633（3）工作面轨道巷	182	

根据测定结果选定潘井 13-1 煤层工作面突出预测指标 Δh_2 值的参考临界值为 $180Pa$，并在现场对其他测试指标同时进行了考察。

试验地点选取在试验区煤层二水平西三采区下部 2631(3) 回作面运输巷掘进工作面。根据试验区 13-1 煤层发生突出的特点，突出预测采用钻屑解吸指标法和钻孔瓦斯涌出初速度法，测定指标为钻屑解吸指标 Δh_2、钻孔钻屑量 S、钻孔瓦斯涌出初速度 q。各指标临界值如表 6-6 所示。

表6-6　试验区各预测指标临界值

预测煤层	钻屑解吸指标 $\Delta h_2/Pa$	钻孔钻屑量 $S/kg \cdot m^{-1}$	钻孔瓦斯涌出初速度 $q/L \cdot min^{-1}$
试验区 13-1 煤层	180	6	4.5

潘井 2631(3) 工作面运输巷掘进工作面共跟踪巷道 340 多米，

共进行突出预测（效检）56 次，有 9 次预测工作面有煤与瓦斯突出危险，各指标预测结果变化曲线如图 6 - 8 所示。

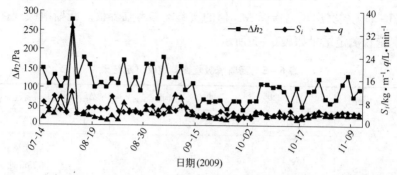

图 6 - 8 2631(3) 工作面运输巷掘进工作面突出预测（效检）指标变化曲线

由图 6 - 8 可以看出，钻孔瓦斯涌出初速度 q 有 6 次超限，最大为 $11.29L/min$；钻屑量 S 有 3 次超限，最大值为 $34kg/m$；钻屑瓦斯解吸指标 Δh_2 有 2 次超限，最大值为 270Pa。三个指标的最大值都在 8 月 11 日的预测中测得，此次预测后掘进至 14m 时遇到一个落差 2m 的小断层。9 次预测有突出危险中 2 次有喷孔、响煤炮动力现象，因而认为真正有突出危险次数为 2 次。

6.3.3 "三率"法确定突出预测敏感指标及临界值

根据"三率"法衡量指标的敏感性，预测突出率指预测有突出危险次数占预测总次数的百分比，预测突出率越低，须采取防突措施范围越小。因此，在保证满足预测准确的前提下，预测突出率越小越好。预测突出准确率即预测有突出危险次数中，实际发生突出或采取措施后未发生突出的次数所占百分数。预测突出准确率越高越好。预测不突出准确率指在预测不突出总次数中真正为不突出的次数占的百分比。预测不突出准确率理应达 100%。应用"三率"法对实验目标区 13 - 1 煤层掘进工作面的预测结果进行分析，结果如表 6 - 7 所示。

表6-7 2631(3) 工作面运输巷预测指标"三率"法分析结果

试验测试项目	试验区测试单项指标		
	Δh_2	S	q
1. 突出预测总次数	62 (56)	62 (56)	62 (56)
2. 预测突出危险次数	2 (2)	4 (3)	7 (6)
3. 预测突出率/%	3.22 (3.57)	6.45 (5.35)	11.29 (10.71)
4. 预测突出危险次数中果真有危险次数	2 (2)	2 (2)	2 (2)
5. 预测突出准确率/%	100 (100)	50 (66.7)	28.57 (33.3)
6. 预测不突出次数	60 (54)	58 (53)	55 (50)
7. 预测无突出危险次数中实际不突出次数	60 (54)	58 (53)	55 (50)
8. 预测不突出准确率/%	100 (100)	100 (100)	100 (100)

由表6-7可知，2631(3) 工作面运输巷掘进工作面采用 Δh_2、S、q 三个指标进行煤与瓦斯突出预测中，预测突出率单项指标分别为 $\Delta h_2 = 3.57\%$，$S = 5.35\%$ 和 $q = 10.71\%$；预测突出准确率 $\Delta h_2 = 100\%$，$S = 66.7\%$，$q = 33.3\%$；预测不突出准确率三个指标都为100%。

6.3.4 灰色关联分析方法确定突出预测敏感指标及其临界值

在实际跟踪测定过程中，各个掘进工作面由于预测指标超限时均采取了防突措施，实际并未发生一次真正突出，三个指标对预测突出危险性是否敏感，用"三率"法来确定煤与瓦斯突出预测敏感指标及其临界值还有缺陷。因此，对所收集的煤与瓦斯突出预测指标及数据用灰色关联分析方法，来分析目标试验区潘井13-1煤层掘进工作面突出预测三指标的敏感性。

灰色关联分析的关键是选准反映系统行为的数据序列，即寻找反映系统行为的映射量，然后用映射量来分析研究系统的行为规律。关联分析编程计算结果如表 6 - 8 所示。

表 6 - 8 试验区 13 - 1 煤层预测指标关联度分析结果

映 射 量	各 指 标 关 联 度		
	钻屑解吸指标 Δh_2	钻屑量 S	钻孔瓦斯涌出初速度 q
系统映射量 $E_1(i)$	0. 8287933	0. 817653	0. 8045064
系统映射量 $E_2(i)$	0. 8056233	0. 8287543	0. 7977224

由表 6 - 8 可知，各指标关联性较好。综合"三率"法和灰色关联法分析结果，钻屑解吸指标 Δh_2 和钻屑量 S 对于预测实验目标区的 13 - 1 煤掘进工作面突出危险性是敏感的，其指标临界值 S 为 6.0kg/m，Δh_2 为 180Pa。

7 研究预期结果与建议

"淮南矿区 -800m 下 $11-2\sim13-1$ 采掘突出预测预报敏感指标体系及临界值"课题在淮南矿业集团公司合作单位领导的大力支持和指导下,在顾桥矿、淮南职业技术学院等单位有关技术人员共同努力下,经过大量的现场煤层取样、实验室的煤样制作、科学试验与研究,以及现场目标试验区的观测、数据收集整理等工作,最终得以顺利完成(包括计划书所规定的各项研究任务)。

首先对淮南矿区目标煤层瓦斯放散动力学特性进行了研究,现场采集目标煤层煤样,测试顾(南区)等矿 $13-1$、$11-2$ 煤层钻屑瓦斯解吸指标 K_1、瓦斯放散初速度指标 Δp 以及煤的坚固性系数 f 等基础参数。根据实验室测定的值进行理论分析,建立了钻屑瓦斯解吸指标 K_1 值与煤层瓦斯压力 p、瓦斯放散初速度指标 Δp 和煤的坚固性系数 f 的关系的数学模型。

结合钻孔瓦斯涌出初速度指标 q 和钻屑量 S,考察了目标煤层的突出预测敏感指标及其临界值。进一步研究了钻孔预测指标(包括钻屑量 S、钻屑瓦斯解吸指标 K_1 等)、预测孔深度与测定工艺、指标敏感性及其影响因素。

采用灰色关联分析法、模糊聚类分析法、"三率"分析法等,对煤层掘进巷道的现场预测结果进行分析,比较各指标对突出危险性预测的敏感性,从而确定了敏感指标。

采用"三率"分析法和实验室模拟测试法,对煤层瓦斯突出预测指标的临界值进行了分析,确定了敏感指标的临界值。

研究了工作面煤层结构稳定性指标(软分层厚度、煤层破坏类型及其结构指数等）与突出危险的关系，寻找相关敏感性指标预测突出危险。

用钻屑瓦斯解吸指标 Δh_2 的实际预测结果，对实验室确定的临界值指标进行验证，结合钻孔瓦斯涌出初速度 q 和钻屑量 S 的实际测定分析及验证结果，最终确定了目标煤层的突出预测敏感指标及临界值。

通过试验矿井采掘工作面突出预测指标的建立，提高了工作面突出预测准确性与可靠性；试验区预测不突出准确率达到 99% 以上，预测突出准确率达到 65% 以上。

在淮南矿区顾（南区）-796m 11-2~13-1 煤层现场采集若干组突出煤层煤样，测定其钻屑瓦斯解吸指标 K_1、瓦斯放散初速度指标 Δp 和煤的坚固性系数 f 等基础参数，根据实验室测定的值进行理论分析，建立了钻屑瓦斯解吸指标 K_1 同瓦斯压力 p、瓦斯放散初速度指标 Δp 和煤的坚固性系数 f 值的关系的数学模型，并对煤层突出危险性进行分析。

对淮南矿区顾（南区）-796m 11-2~13-1 煤层瓦斯压力进行了测定，顾（南区）-796m 11-2 煤层的瓦斯压力为 0.5~1.25MPa，13-1 煤层 -800m 标高的瓦斯压力为 0.58~0.71MPa。

建立了煤与瓦斯突出预测敏感指标数学模型和各离散指标与其数学期望的函数表达式，确定了预测指标的敏感度函数。

以顾（南区）等部分突出煤层为考察对象，对各煤层突出特征、预测指标敏感性及其初步临界值进行较系统的考察。顾（南区）13-1 煤层对钻屑量指标 S 较敏感，瓦斯解吸指标 Δh_2 和 K_1 也具有较强的敏感性。确定顾（南区）11-2 煤层和 13-1 煤层瓦斯突出预测指标的敏感性由大到小依次为：钻屑量 S、钻屑瓦斯解吸指标 K_1、钻屑瓦斯解吸指标 Δh_2、钻孔瓦斯涌出初速度 q。

考察了 2631(3) 工作面运输巷掘进工作面 Δh_2、S、q 三个指标，进行煤与瓦斯突出预测，预测突出率单项指标分别为 $\Delta h_2 = 3.57\%$，

$S = 5.35\%$ 和 $q = 10.71\%$；预测突出准确率 $\Delta h_2 = 100\%$，$S = 66.7\%$，$q = 33.3\%$；预测不突出准确率三个指标都为 100%。综合"三率"法和灰色关联法分析结果，钻屑解吸指标 Δh_2 和钻屑量 S 对于预测实验目标区的 13 - 1 煤掘工作面突出危险性是敏感的，其指标临界值 $S = 6.0\mathrm{kg/m}$，$\Delta h_2 = 180\mathrm{Pa}$。

分析工作面钻孔预测指标，如钻屑量 S、钻屑瓦斯解吸指标（K_1 或 Δh_2）、钻孔瓦斯涌出初速度 q 等指标，在一定条件下都反映了影响突出的一些主要因素，理论与实践表明这些指标能够预测突出危险，方法简便易行，直观可靠，已得到较广泛应用。

通过对淮南矿区碎屑状煤芯瓦斯解吸规律的非线性拟合，对各解吸模式的损失量与用计算方法所求得的损失量进行比较。最后，对各解吸模式测得的瓦斯含量与间接法所测瓦斯含量进行误差比较，提出适合淮南矿区碎屑状煤芯的瓦斯解吸模式。

由于指标本身具有敏感性条件，即不同的矿区、煤层甚至煤层的不同区域指标的敏感性及其临界值都不同，而且还受工作面客观地质工程技术条件、测试工艺以及人为因素等影响，其归属静态预测方法，即预测指标在时间域、空间域不能连续反映影响突出的地应力、瓦斯应力场的变化。

在现场搜索数据和观察的过程中，通过了解顾（南区）试验区实际情况，加上借鉴临近矿井积累的经验和取得的成果，本课题得以顺利完成，取得了预期成果。现总结如下：

（1）现场采集若干组突出煤层煤样，测定其钻屑瓦斯解吸指标 K_1、瓦斯放散初速度指标 Δp 和煤的坚固性系数 f 等基础参数，根据实验室测定的值进行理论分析，建立钻屑瓦斯解吸指标 K_1 同瓦斯压力 P、瓦斯放散初速度指标 Δp 和煤的坚固性系数 f 值的关系的数学模型。

（2）通过采用单项指标法、综合指标法对顾南目标区 -796m 11 - 2 ~ 13 - 1 煤层进行煤与瓦斯突出危险性预测，通过研究得到顾

南目标区 −796m 11 −2 煤层为煤与瓦斯突出危险性煤层，但在地质构造发育区域及瓦斯压力高的区域，应对 13 −1 煤层加强防范，预防煤与瓦斯突出事故的发生。

（3）通过现场实测和实验室考察研究相结合，利用"三率"法、模糊聚类分析法和灰色关联分析法，比较各指标对突出危险性预测的敏感性。对顾南目标区而言，钻屑量 S 是 13 −1、11 −2 煤层瓦斯突出预测的敏感指标，钻屑瓦斯解吸指标 K_1 可作为辅助敏感指标。

（4）同一煤层在不同矿井有的发生突出，有的未发生突出，并不能完全代表在不突出矿井该煤层没有突出危险性。有的是因为煤层不可采，没有进行采掘作业，有的是因为采取防突措施合理未发生突出。作为全矿区来说，各煤层在采掘过程中都发生过不同的动力现象，从严格意义上顾南目标区 −796m 11 −2 ~ 13 −1 煤层都可以界定为突出煤层，此次划分只是根据生产过程中实际情况和有关实测资料进行煤层突出区域的细化。

（5）试验区考察结果只对现有开采条件适用，随着矿区开采的不断延伸，瓦斯突出的威胁正在不断加大，需要及时收集新的资料对此次研究成果进行补充和修正。

（6）用于工作面突出预测预报的最敏感指标确定为钻屑量以及钻屑瓦斯解吸特征或解吸量。

（7）钻屑瓦斯解吸量或钻屑瓦斯解析特征，其突出的临界值与煤的破坏程度或煤层的坚固性系数有关，呈负指数曲线关系。

（8）在软分层中（$f \leqslant 0.2$），突出时的最小瓦斯压力可采用 0.5MPa，用此压力在实验室测定出的 K_1 值可作为突出时的临界值，并经现场验证，此法是可行的。

（9）采用实验室中的设备，可确定煤层突出时钻屑瓦斯解吸量或钻屑瓦斯解吸特征的临界指标值，也可确定瓦斯压力与 K 值的关系方程式。

由于目前还没有一个预测突出危险性的最完美指标，对日常预测中得到的某种指标值应充分考虑突出危险性与地质、开采条件及仪器精度等关联因素。

随着矿井开采水平生产的不断加深，在深部大范围揭露各煤层时，还需进一步对目标区 11 − 2、13 − 1 煤与瓦斯突出指标进行测定工作，同时对各煤层突出危险性作出进一步探讨和评价。

由于试验煤层已进行了瓦斯抽放，所得出的结果只对预抽煤层的效果检验有一定的指导意义，对于原始煤层其敏感性和临界指标还有待进一步验证。

通常说某项指标敏感与不敏感及合理的临界值是多大，都是在一定的条件下得出的结论。而实际上，矿井的各种条件都是不断变化的，一旦各方面条件有了较大的变化，则应对指标及其临界值进行必要的检验，不能固定使用一个指标。

突出预测敏感指标及其临界值的确定是一项非常有意义的工作，各矿井应根据自身特点进行摸索确定。采用历史资料统计、实验室和现场试验等相结合的方法确定敏感指标及其临界值是较简便、可靠的方法。应尽量采用多指标预测，避免"低指标突出"现象的发生。

参 考 文 献

[1] 周世宁，林柏泉．煤层瓦斯赋存与流动理论 [M]．北京：煤炭工业出版社，1999：30～88．

[2] 钱鸣高．矿山压力与岩层控制 [M]．北京：煤炭工业出版社，2003：40～58．

[3] 俞启香．矿井瓦斯防治 [M]．徐州：中国矿业大学出版社，1992：45～89．

[4] 王显政，扬富，等．煤矿安全新技术 [M]．北京：煤炭工业出版社，2002．

[5] 袁亮．松软低透煤层群瓦斯抽采理论与技术 [M]．北京：煤炭工业出版社，2004：74～116．

[6] 袁亮．瓦斯治理"十五"攻关项目在淮南矿区的试验研究 [J]．中国煤炭，2002（9）：21～26．

[7] 袁亮．深井巷道围岩控制理论及淮南矿区工程实践 [M]．北京：煤炭工业出版社，2006：50～149．

[8] 张铁岗．矿井瓦斯综合治理技术 [M]．北京：煤炭工业出版社，2001：112～134．

[9] 赵全福．煤矿安全手册（第二篇 矿井瓦斯防治）[M]．北京：煤炭工业出版社，1994．

[10] 文光才，等．大湾矿突出预测敏感指标及其临界值的研究 [R]．重庆：煤炭科学研究总院重庆分院，2003．

[11] 胡千庭，等．工作面预测敏感指标值确定方法的研究 [R]．重庆：煤炭科学研究总院重庆分院，1995．

[12] 聂百胜，郭勇义．煤粒瓦斯扩散的理论模型及其解析解 [J]．中国矿业大学学报，2001（1）．

[13] 何学秋，聂百胜．孔隙气体在煤层中扩散的机理 [J]．中国矿业大学学报，2001（1）．

[14] 聂百胜，何学秋．瓦斯气体在煤层中的扩散机理及模式 [J]．中国安全科学学报，2000（6）．

[15] 聂百胜，何学秋，王恩元．煤的表面自由能及应用探讨 [J]．太原理工大学学报，2000（4）．

[16] 聂百胜，张力，马文芳．煤层甲烷在煤孔隙中扩散的微观机理 [J]．煤田地质与勘探，2000（6）.

[17] 柏发松．煤层钻孔瓦斯流量的数值模拟 [J]．安徽理工大学学报（自然科学版），2004（2）.

[18] 王凯，俞启香，蒋承林．钻孔瓦斯动态涌出的数值模拟研究 [J]．煤炭学报，2001（3）.

[19] 孙东玲．突出敏感指标及临界值确定方法的探讨与尝试 [J]．煤炭工程师，1996（4）.

[20] 赵耀江，王冶．基于神经网络建立煤与瓦斯突出预测模型 [J]．中国安全科学学报，1997（7）.

[21] 孙东铃，董钢峰，等．煤与瓦斯突出预测指标临界值的选取对预测准确率的影响 [J]．煤炭学报，2001（1）.

[22] 吴斌．预测煤与瓦斯突出的模糊数学方法探讨 [J]．煤炭工程师，1991（3）.

[23] 王运泉．瓦斯突出危险性评价中的两种统计方法 [J]．焦作矿业学院学报，1994（4）.

[24] 屠锡根，哈明杰．突出敏感指标初探 [J]．煤矿安全，1997（3）.

[25] 刘建平．灰色系统理论在煤与瓦斯突出预测中的应用 [J]．焦作矿业学院学报，1994（4）.

[26] 冯小平．煤与瓦斯突出预测指标灰色优选 [J]．工业安全与防尘，1996（2）.

[27] 孟贤正．用综合指标记分法预测急倾斜煤层上山掘进的突出危险性 [J]．煤炭工程师，1997（2）.

[28] 冯涛，等．模糊数学在煤与瓦斯突出预测中的应用 [J]．湘潭矿业学院学报，1993（12）.

[29] 吴海清．模糊数学在煤与瓦斯突出预测中的应用 [J]．陕西煤炭技术，1992（5）.

[30] 唐春安．岩石破裂过程中的灾变 [M]．北京：煤炭工业出版社，1993.

[31] 陈忠辉，唐春安．发射 Kaiser 效应的理论和实验研究 [J]．岩石力学与工程学报，1997（16）.

[32] Verhoogen M S, Turner F J, Weiss L E. The Earth Holt. Rinehart & Winston [M]. New York，1958.

[33] 鲜学福，许江. 煤与瓦斯突出潜在危险区（带）预测 [J]. 中国工程科学，2001（2）.

[34] 姜波，秦勇. 淮北地区煤储层物性及煤层气勘探前景 [J]. 中国矿业大学学报，2001（5）.

[35] 吴财芳，曾勇. 煤与瓦斯共采技术的研究现状及其应用发展 [J]. 中国矿业大学学报，2004（2）.

[36] 傅雪海. 储层渗透率研究的新进展 [J]. 辽宁工程技术大学学报（自然科学版），2001（6）.

[37] 秦勇. 中国煤层气地质研究进展与述评 [J]. 高校地质学报，2003（3）.

[38] 卢平，鲍杰，沈兆武. 岩浆侵蚀区煤层孔隙结构特征及其对瓦斯赋存之影响分析 [J]. 中国安全科学学报，2001，11（6）.

[39] 宋三胜，陈富勇，丙绍发. 煤矿中小型构造控制瓦斯涌出规律 [J]. 矿业安全与环保，2001，28（6）：18～19.

[40] 蔡康旭，李永山. 矿井地质构造红外探测的理论与实践 [J]. 湖南科技大学学报（自然科学版），2002，17（1）：5～8.

[41] 王恩营. 岩浆岩侵入区赋煤规律与找煤方法 [J]. 中国矿业，2005，14（4）.

[42] 王兆丰，张子戌，张子敏. 瓦斯地质研究与应用 [M]. 北京：煤炭工业出版社，2003.

[43] 林柏泉，何学秋. 煤体透气性及其对煤与瓦斯突出的影响 [J]. 煤炭科学技术，1991.

[44] 林柏泉，等. 气体吸附性与煤和瓦斯突出的机理 [J]. 江苏煤炭，1990（2）.

[45] 周克友. 江苏省矿井瓦斯与地质构造关系的分析 [J]. 焦作工学院学报，1998，17（4）：269～271.

[46] 张国辉，韩军，宋卫华. 地质构造形式对瓦斯赋存状态的影响分析 [J]. 辽宁工程技术大学学报，2005，24（1）：19～22.

[47] 刘红军. 长平矿井地质构造特征与瓦斯赋存规律分析 [J]. 煤炭工程，

2005（4）：50~51.

［48］康继武. 褶皱构造控制煤层瓦斯的基本类型［J］. 煤田地质与勘探，1994，22（4）：30~32.

［49］宋荣俊，李佑炎. 刘桥二矿断裂构造对瓦斯的控制作用［J］. 江苏煤炭，2002（4）：9~11.

［50］王连成. 地质雷达的探测实践［J］. 西安矿业学院学报. 1999，19（4）.

［51］邓聚龙. 灰色预测与决策［M］. 武汉：华中工学院出版社，1986.

［52］陶云奇，许江，李树春. 瓦斯涌出量灰色预测法［J］. 重庆大学学报，2007，30（6）.

［53］王一莉. 瓦斯涌出量预测方法及其应用研究［D］. 南京：南京工业大学，2005.

［54］李庆明. 浅谈最小二乘法在回采工作面瓦斯涌出量预测中的应用［J］. 煤矿安全，2006（11）.

［55］黄俊，许洪峰. 矿井未开采区瓦斯涌出量的预测［J］. 煤矿安全，2004，12（4）.

［56］王恩营. 分层开采掘进工作面瓦斯涌出规律及预测［J］. 矿业安全与环保，2006.

冶金工业出版社部分图书推荐

书　名	作　者		定价(元)
煤矿安全生产400问	姜　威　等编		43.00
采矿工程师手册(上、下册)	于润沧　主编		395.00
地质学(第4版)(本科国规教材)	徐九华　等编		40.00
高等硬岩采矿学(第2版)(本科教材)	杨　鹏　编著		32.00
矿山充填力学基础(第2版)(本科教材)	蔡嗣经　编著		30.00
系统安全评价与预测(第2版)(本科国规教材)	陈宝智　编著		26.00
矿山安全工程(国规教材)	陈宝智　主编		30.00
防火与防爆工程(本科教材)	解立峰　等编著		45.00
矿冶概论(本科教材)	郭连军　主编		29.00
选矿厂设计(本科教材)	冯守本　主编		36.00
磁电选矿(第2版)(本科教材)	袁致涛　王常任　主编		39.00
固体物料分选学(第2版)(本科教材)	魏德洲　主编		59.00
矿业经济学(第2版)(本科教材)	李仲学　等编著		26.00
矿山岩石力学(本科教材)	李俊平　主编		49.00
采矿概论(第2版)(高校教材)	陈国山　主编		32.00
煤矿钻探工艺与安全(高职高专教材)	姚向荣　等编著		43.00
矿石可选性试验(高职高专教材)	于春梅　主编		30.00
矿山固定机械使用与维护(高职高专教材)	万佳萍　主编		39.00
矿山安全与防灾(高职高专教材)	王洪胜　主编		27.00
岩石力学(高职高专教材)	杨建中　等编		26.00
安全系统工程(高职高专教材)	林　友　主编		24.00
矿井通风与防尘(高职高专教材)	陈国山　主编		25.00
矿山企业管理(高职高专教材)	咸文革　等编		28.00
矿山地质(高职高专教材)	刘兴科　主编		39.00
矿山爆破(高职高专教材)	张敢生　主编		29.00
采掘机械(高职高专教材)	苑忠国　主编		38.00
选矿概论(高职高专教材)	于春梅　等编		20.00
井巷设计与施工(高职高专教材)	李长权　等编		32.00
矿山提升与运输(高职高专教材)	陈国山　主编		39.00
选矿原理与工艺(高职高专教材)	于春梅　等编		28.00
凿岩爆破技术(职业技能培训教材)	刘念苏　主编		45.00
重力选矿技术(职业技能培训教材)	周晓四　主编		40.00
磁电选矿技术(职业技能培训教材)	陈　斌　主编		29.00
浮游选矿技术(职业技能培训教材)	王　资　主编		36.00
碎矿与磨矿技术(职业技能培训教材)	杨家文　主编		35.00
采矿技术	陈国山　主编		49.00
硫化矿自燃预测预报理论与技术	阳富强　吴　超　著		43.00
我国金属矿山安全与环境科技发展前瞻研究	古德生　等编著		45.00